# UMA CASA
## NA VISÃO DA FÍSICA

LEITURAS COMPLEMENTARES
PARA O ENSINO MÉDIO

Regina Pinto de Carvalho   Abigail Pinto de Carvalho
*Consultoria em Arquitetura*

# UMA CASA
## NA VISÃO
## DA FÍSICA

LEITURAS COMPLEMENTARES
PARA O ENSINO MÉDIO

2ª reimpressão

autêntica

Copyright © 2017 Regina Pinto de Carvalho
Copyright © 2017 Abigail Pinto de Carvalho
Copyright © 2017 Autêntica Editora

Todos os direitos reservados pela Autêntica Editora. Nenhuma parte desta publicação poderá ser reproduzida, seja por meios mecânicos, eletrônicos, seja via cópia xerográfica, sem a autorização prévia da Editora.

EDITORA RESPONSÁVEL
*Rejane Dias*

EDITORA ASSISTENTE
*Cecília Martins*

REVISÃO
*Lúcia Assumpção*

REVISÃO TÉCNICA
*Ana Márcia Greco de Sousa*
*Káttia Tôrres*

CAPA
*Alberto Bittencourt*
*(sobre ilustração de Mirella Spinelli)*

ILUSTRAÇÃO
*Mirella Spinelli*
*Henrique Cupertino*
*Júlia Agostini*

**Dados Internacionais de Catalogação na Publicação (CIP)**
**(Câmara Brasileira do Livro, SP, Brasil)**

Carvalho, Regina Pinto de

   Uma casa na visão da física / Regina Pinto de Carvalho, Abigail Pinto de Carvalho, consultoria em arquitetura.-- 1. ed.; 2. reimp --Belo Horizonte : Autêntica Editora, 2022.

   ISBN 978-85-513-0144-9

   1. Física (Ensino médio) 2. Arquitetura I. Carvalho, Abigail Pinto de. II. Título.

16-09125                                                               CDD-530.07

Índices para catálogo sistemático:
1. Física : Ensino médio 530.07

**Belo Horizonte**
Rua Carlos Turner, 420
Silveira . 31140-520
Belo Horizonte . MG
Tel.: (55 31) 3465 4500

**São Paulo**
Av. Paulista, 2.073 . Conjunto Nacional
Horsa I . Sala 309 . Cerqueira César
01311-940 . São Paulo . SP
Tel.: (55 11) 3034 4468

www.grupoautentica.com.br
SAC: atendimentoleitor@grupoautentica.com.br

Impressionista

*Uma ocasião,
  meu pai pintou a casa toda
  de alaranjado brilhante.
Por muito tempo moramos numa casa,
  como ele mesmo dizia,
  constantemente amanhecendo.*

Adélia Prado

**INTRODUÇÃO** ............................................................. 11

CAPÍTULO I
# COMPONENTES DA CASA
- Elementos da estrutura .................................... 14
  - Fundação ...................................................... 14
  - Paredes ......................................................... 15
  - Cobertura ...................................................... 15
- Materiais ............................................................. 16
  - Argila e pedras ............................................. 16
  - Tijolos e telhas cerâmicas .......................... 17
  - Cimento ......................................................... 18
  - Ferro e aço .................................................... 19
- Formas e estruturas especiais ...................... 20
  - Concreto armado e concreto protendido ... 20
  - Vigas em I ..................................................... 21
  - Arcos .............................................................. 21
- Mudanças de escala e resistência dos materiais ... 22
- Ação das intempéries sobre os materiais ... 22
- Atividades ......................................................... 25

**CAPÍTULO II**
# CONFORTO TÉRMICO E ACÚSTICO
- Cobertura .................................................................. 28
- Paredes externas ...................................................... 31
- Calçadas ................................................................... 33
- Conforto acústico ..................................................... 35
- Atividades ................................................................ 36

**CAPÍTULO III**
# FORNECIMENTO DE ENERGIA ELÉTRICA
- Projeto elétrico ........................................................ 38
- O medidor de consumo ............................................ 40
- Tensão nas redes domésticas .................................. 42
- Consumo de alguns aparelhos domésticos ............. 43
- Atividades ................................................................ 44

**CAPÍTULO IV**
# ILUMINAÇÃO
- Radiação solar ......................................................... 46
- Lâmpadas ................................................................. 47
- Curvas espectrais ..................................................... 52
- Entrada de luz e ar através dos vãos ...................... 54
- Pintura ..................................................................... 56
- Atividades ................................................................ 58

**CAPÍTULO V**
# ABASTECIMENTO DE ÁGUA
- Distribuição de água tratada ................................... 61
- Como obter água quente ......................................... 63
- Medida do consumo de água .................................. 67
- Atividades ................................................................ 68

**CAPÍTULO VI**
## CASAS DE POVOS DIVERSOS

Casas indígenas da Amazônia ................ 70
Casas de pau a pique ................ 71
Casas brasileiras ................ 72
Casas escavadas em rochas ................ 73
Casas de esquimós ................ 74
Casas da Islândia ................ 75
Casas alpinas ................ 76
Edifícios de apartamentos ................ 76
Casas japonesas ................ 78

**CAPÍTULO VII**
## INOVAÇÕES

João Filgueiras Lima (Lelé) ................ 80
Cuno Roberto Mauricio Lussy ................ 81
Radamés Teixeira da Silva ................ 82
Abigail Pinto de Carvalho ................ 84
Sérgio Bernardes ................ 85

## SUGESTÕES PARA LEITURA ................ 87

# INTRODUÇÃO

Desde a pré-história sabemos que o homem procurou abrigos para se proteger em grutas e cavernas, espaços já construídos pela natureza.

Com o desenvolvimento das civilizações, foram criadas e aperfeiçoadas técnicas construtivas que permitiram a criação de abrigos "artificiais" e a utilização dos materiais disponíveis em cada região com a observação e a experimentação sobre a resistência e a estabilidade desses materiais, nada diferente do que é feito na Física.

Ao construir seus abrigos "artificiais", esses protoarquitetos aliaram a tecnologia com a arte, a inteligência aos sentidos.

Segundo Mestre Lúcio Costa:
- arquitetura é coisa para ser exposta à intempérie e a um determinado ambiente;
- arquitetura é coisa para ser encarada na medida das ideias e do corpo do homem;
- arquitetura é coisa para ser concebida como um todo orgânico e funcional;
- arquitetura é coisa para ser pensada estruturalmente;
- arquitetura é coisa para ser sentida em termos de espaço e volume;
- arquitetura é coisa para ser vivida.

Arquitetura é a área em que a técnica (objeto de estudo da Física) não é um fim, mas um meio de se alcançar a concretização do espaço necessário ao Homem.

*Abigail Pinto de Carvalho*

A Física está presente em todas as atividades do ser humano. Ao se compreenderem os fenômenos físicos, podemos usá-los a nosso favor para aliar conforto e economia com sustentabilidade.

Neste livro, usando como tema central a edificação de uma casa, procuramos mostrar como a Física pode nos auxiliar a transformar a moradia em um local de proteção e tranquilidade. O livro é dedicado aos professores do ensino médio que desejam mostrar a Física de forma contextualizada e interdisciplinar, como também a seus alunos e ao público em geral que não tenha embasamento formal em Física, mas que seja curioso com relação ao que acontece ao seu redor.

Sempre que possível, as ilustrações foram planejadas de forma a serem legíveis para pessoas daltônicas. Se você, caro leitor, é portador dessa característica e teve dificuldades com a interpretação das figuras, entre em contato conosco: suas observações serão bem-vindas e nos ajudarão a melhorar nosso trabalho.

*Regina Pinto de Carvalho*

CAPÍTULO I
# COMPONENTES DA CASA

Os elementos que compõem uma casa são a fundação, as paredes e a cobertura; geralmente os materiais usados, em nosso país, são cimento, vigas metálicas, tijolos, madeira, pedra, terra ou combinações deles. Cada um desses materiais tem vantagens e desvantagens, tanto do ponto de vista econômico quanto com relação a rigidez, resistência, durabilidade, isolamento térmico ou acústico, etc. As vantagens e as desvantagens serão descritas neste livro.

## Elementos da estrutura

### *Fundação*

A fundação é uma base que suporta o peso da construção, transmitindo-o para o solo e impedindo que ela afunde ou se incline sobre o terreno, provocando trincas e rachaduras na construção. O material e as dimensões da fundação vão depender do tipo de solo no qual a casa será construída. Em caso de ser um solo firme e seco, podem ser usados alicerces de tijolo ou concreto sob as paredes, com largura maior que as mesmas (FIG. I-1A). Esta é a chamada fundação direta. Se o terreno é pouco firme, a fundação pode ser uma placa de concreto, abrangendo toda a área construída, que recebe a carga da edificação e a distribui uniformemente sobre o terreno. No caso de edificações com maior peso, a fundação deve repousar sobre estacas inseridas no terreno, até uma profundidade onde o solo seja firme. Esta é a chamada fundação profunda (FIG. I-1B) e pode ter várias formas: tubulões, estacas, etc.

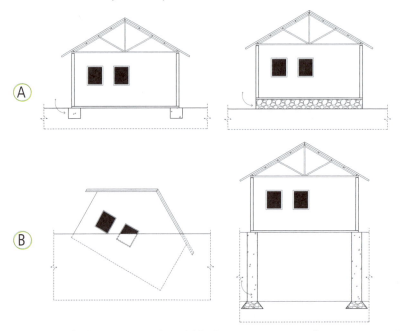

**Figura I-1:** (A) fundação em terreno firme; (B) fundação em terreno pouco firme

## Paredes

As paredes têm múltiplas funções. Elas isolam o interior térmica e acusticamente, promovem a privacidade dos moradores, suportam o peso da cobertura ou de andares superiores, fazem a divisão dos diversos ambientes.

As paredes que suportam o peso são chamadas paredes estruturais ou de sustentação, e as outras são chamadas de paredes de vedação ou cortina.

Paredes, em geral, são feitas de tijolos, cimento ou madeira. Geralmente, a estrutura da casa se compõe de um "esqueleto" de sustentação, feito com pilares, vigas, etc. As forças são assim concentradas em porções determinadas, em vez de se usar toda a extensão da parede. Os vazios do esqueleto podem em seguida ser preenchidos com material menos resistente e mais leve, que servirá apenas como vedação: tijolos furados, gesso, placas de madeira compensada ou cartão. É preciso também se projetar a chamada **amarração** das paredes: vigas horizontais ligam um lado a outro da casa, na altura do teto ou do piso, e impedem que as paredes se deformem e saiam da posição vertical sob o peso da cobertura ou de andares superiores.

Nas paredes são inseridos os vãos (portas, janelas, seteiras, etc.) que permitem a entrada e a saída de pessoas e objetos e a passagem de luz e ar. Eles devem ser colocados em locais que não comprometam a função estrutural das paredes (no caso dessas paredes terem a função estrutural) e podem necessitar de uma moldura como reforço, para impedir a deformação das mesmas.

## Cobertura

A função da cobertura é proteger a casa de chuva, radiação solar ou vento, e manter a temperatura interna em níveis aceitáveis de conforto. As coberturas podem ser feitas com telhas de cerâmica, cimento, pedra, madeira, fibras vegetais, etc. Em nosso país, os materiais mais comumente usados são telhas de cerâmica e fibrocimento, ou lajes de concreto. Soluções alternativas podem aumentar o conforto térmico da edificação e serão analisadas no Capítulo II – Conforto térmico e acústico. Alguns tipos de cobertura usados em outros países serão descritos no Capítulo VI – Casas de povos diversos.

Toda cobertura é composta de uma estrutura e seu recobrimento. É necessário utilizarem-se de artifícios para recobrir um grande vão com pequenos pedaços. Em geral, uma telha cerâmica mede em torno de 40 cm x 15 cm, e um conjunto delas deve cobrir um vão de, por exemplo, 4 m x 8 m. Um engradamento recebe as telhas, aumentando devagar o espaço coberto, até cobrir o vão e distribuindo a carga do peso próprio do material, somado ao que é agregado (neve, poeira, musgo, água, por exemplo – a ação do vento é importantíssima e sobrecarrega a estrutura). Num telhado com estrutura de madeira tradicional e cobertura de telhas cerâmicas, temos as ripas, os caibros e outras peças, dispostas em intervalos crescentes.

## Materiais

### Argila e pedras

A argila crua é dos materiais que primeiro foram usados na construção de casas. Ela tem baixa resistência à compressão e por isso era, em geral, misturada com pedras ou com fibras vegetais. A baixa resistência mecânica fez com que as casas com paredes de argila fossem construídas com paredes extremamente grossas, para suportar o peso dos pisos superiores e da cobertura.

Os povos antigos faziam uso constante da pedra em suas edificações, pela facilidade de obtenção e pela robustez do material. A pedra tem boa resistência à compressão, mas não à tração, e por isso eram usados artifícios para aproveitar as qualidades da pedra, como as estruturas em arco, que serão discutidas mais adiante neste capítulo.

### *Tijolos e telhas cerâmicas*

Os tijolos e telhas cerâmicos são feitos de argila colocada em formas; podem ser usados apenas secos, ou serem cozidos, para adquirir maior resistência. São os pequenos blocos que, unidos, recobrem grandes superfícies, como paredes e telhados.

A argila é composta de finas partículas de óxidos de alumínio com uma pequena quantidade de óxido de ferro, além de conter óxidos de silício (areia). Outros elementos podem estar presentes como traços na composição da argila; eles são responsáveis por propriedades diversas do produto final, como cor, dureza, resistência a altas temperaturas, etc.

Após a moldagem e a secagem, que elimina a água contida entre as partículas, o material é submetido ao cozimento. Nessa fase, o óxido de silício se funde, transformando-se em uma massa vítrea, que envolve as partículas remanescentes, e, após o resfriamento, confere dureza ao tijolo ou telha. O resultado é um objeto com boa resistência mecânica e baixa condutividade térmica.

Devido à sua estrutura porosa, a cerâmica é um bom isolante térmico, pois o ar retido em seus poros impede a condução de calor. Essa característica é interessante para seu uso em paredes e telhados. Além disso, os poros ligados ao exterior podem reter umidade ambiente ou água da chuva, que, ao evaporar, vai retirar calor do material, o que é conveniente principalmente em se tratando de telhados.

Os tijolos podem ter furos internos que, além de diminuir o peso total da parede, servem para a passagem de dutos de água ou energia. Se preenchidos com concreto, esses tijolos podem formar pilares de sustentação.

Telhas e tijolos cerâmicos são também usados como elementos de decoração. Os tijolos furados, por exemplo, são usados em muros verdes, onde os furos são preenchidos com terra para reter vegetação. As telhas podem ser usadas como forro de prateleiras para garrafas de vinho: seu formato facilita o equilíbrio da garrafa, e suas propriedades térmicas mantêm o frescor desejado para o armazenamento da bebida.

### Cimento

Para a fabricação do cimento, aquecem-se carbonato de cálcio (calcário), óxido de silício (areia), óxidos de ferro e alumínio (argila). Após o cozimento, obtêm-se silicatos, aluminatos e ferro-aluminatos de cálcio, que são pulverizados e misturados a uma pequena quantidade de sulfato de cálcio (gesso).

O cimento reage facilmente com água. Por isso, para evitar o início das reações químicas com a umidade ambiente, ele é embalado imediatamente após sua preparação. Por estar ainda aquecido, usam-se sacos feitos com diversas camadas de papel grosso; esses sacos, porém, não impedem completamente o contato do pó de cimento com umidade e, por essa razão, o cimento tem prazo de validade bem curto.

Já no local da construção e no momento da sua utilização, o cimento é colocado em contato com água. Ao se hidratar, a mistura forma um gel, com grande desprendimento de calor. Os aluminatos reagem rapidamente com a água e se precipitam em cristais em forma de agulha; a seguir, formam-se silicatos de cálcio hidratados, que preenchem as lacunas entre os cristais de aluminatos. Essa fase é denominada de cura do cimento. As ligações interpartículas ocorrem mais lentamente e endurecem o material, na fase denominada endurecimento. Durante essa etapa, a massa é submetida a vibrações, para permitir que o ar retido na mistura escape.

O calor liberado pelas reações de hidratação é muito grande e pode ser danoso, pois o interior da peça, mais aquecido, poderá se dilatar mais que a parte externa, esfriada em contato com o meio ambiente. Essa diferença na dilatação pode provocar trincas. Por isso, é conveniente retardar a reação química, com a adição de gesso ao cimento. Sendo bastante solúvel em água, o gesso vai sequestrar a água existente na mistura e dificultar a hidratação dos outros componentes.

O cimento serve de "cola" para manter os tijolos no lugar, ou de acabamento em pisos e paredes. Quando areia ou cascalho são adicionados ao cimento, obtemos o concreto, que serve para a fabricação de placas e outras estruturas pré-moldadas usadas em paredes e tetos, e também como base para as estruturas de sustentação formando, com grande eficiência, pilares, vigas, alicerces.

> Desde a Antiguidade, já eram usadas misturas que mantinham unidas as pedras das construções: assírios e babilônios usaram argila; egípcios usaram uma mistura de cal e gesso para unir as pedras em grandes edificações, como as pirâmides; e romanos acrescentaram cinzas vulcânicas nessas misturas, obtendo ótimos resultados, mas suas fórmulas eram mantidas em segredo pelas corporações e foram perdidas com o tempo. Somente no século XVIII foram obtidas novas misturas que se igualavam em qualidade ao cimento romano.

### Ferro e aço

A partir da revolução industrial (final do século XIX e início do século XX), foi possível usar ferro e aço como reforço ou como elemento estrutural. O aço é uma liga de ferro com até 2% de carbono, o que torna o material mais resistente e fácil de ser dobrado. O aço inoxidável é obtido com a adição de traços de cromo, que dificulta a oxidação da liga.

O reforço de uma estrutura é feito usando-se vergalhões de ferro embutidos em lajes de concreto, como será discutido mais adiante neste capítulo, ou preparando "esqueletos" de aço, que ficarão aparentes ou não.

Devido à sua grande resistência, é possível usar o aço em estruturas de perfis pequenos, mais leves, e que, quando ficam aparentes, formam figuras geométricas ou rendadas. Em geral, são usados arranjos triangulares, pois essa figura geométrica dificilmente se deforma sob a ação de forças.

Por ser muito resistente à tração, o aço é usado nos cabos de sustentação em estruturas suspensas.

## Formas e estruturas especiais

### Concreto armado e concreto protendido

Quando uma estrutura apoiada pelos dois extremos recebe uma carga externa, ela tende a se curvar, devido ao peso da carga, acrescentado ao seu próprio peso. Sua parte superior é comprimida, enquanto a parte inferior sofre uma força de tração (FIG. I-2A). Se a estrutura está apoiada em apenas um dos extremos (estrutura em balanço), o peso adicionado, ou às vezes seu próprio peso, poderá fazer com que ela se curve, sofrendo compressão na parte inferior e tração na superior (FIG. I-2B).

Em geral, essas estruturas são feitas de concreto, pois a plasticidade do cimento permite a obtenção de diversas formas. O concreto resiste bem à compressão, mas não à tração, e pode trincar sob o peso da carga. Para resolver esse problema, as vigas são feitas em concreto armado: o concreto envolve uma armadura de vergalhões de aço, que resistem bem à tração. Para aumentar ainda mais o efeito, usa-se o concreto protendido: os vergalhões são submetidos a uma tensão inicial e mantidos tensionados pela capa de concreto; assim, eles estão sempre comprimindo o concreto, e diminuem a tensão externa provocada por uma carga.

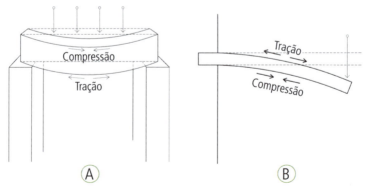

**Figura I-2:** (A) Ao receber uma carga externa, uma estrutura apoiada nos dois extremos sofre compressão em sua parte superior e tração na parte inferior; (B) a estrutura em balanço sofre compressão na parte inferior e tração na parte superior

## Vigas em I

Da mesma forma mostrada na Figura I-2, as superfícies superior e inferior de uma viga metálica são mais solicitadas pelo esforço de uma carga do que a região intermediária. Por isso, as vigas são em geral construídas com a forma da letra "I", como é mostrado na Figura I-3: a parte central da viga, que não recebe esforço de compressão nem de tração, pode ter uma espessura menor, economizando material e diminuindo o peso da própria viga.

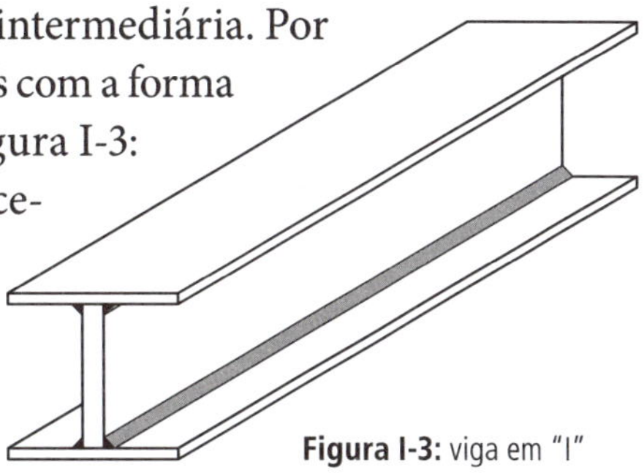

**Figura I-3:** viga em "I"

## Arcos

A Figura I-4 mostra a construção de um vão em arco, usando pedras cortadas de forma adequada. Na configuração em arco, o peso do material que está sobre ele se distribui por toda a extensão do mesmo, e cada bloco receberá apenas uma pequena parte do peso. A compressão ajuda a manter coesos os blocos de pedra ou tijolos, fazendo com que em muitos casos não seja preciso usar cimento ou similar para uni-los.

As estruturas em arcos são usadas em vãos de portas e janelas, que apresentam a forma de arco em sua parte superior e podem suportar o peso das partes superiores da edificação.

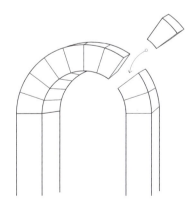

**Figura I-4:** Estrutura em arco.

## Mudanças de escala e resistência dos materiais

A robustez de um material pode ser conveniente para uso em certas construções, mas pode ser insuficiente, caso a escala do projeto seja aumentada. Suponhamos, por exemplo, que se projete uma casa em que as colunas de sustentação têm uma dada espessura. Se decidirmos dobrar as dimensões lineares do projeto, as colunas, mesmo com suas dimensões dobradas, podem não suportar a nova estrutura. Isso ocorre porque o peso a ser suportado depende do seu volume, e a resistência da coluna depende da sua área transversal. Enquanto o volume varia com o cubo da dimensão linear, a área varia com o quadrado dessa dimensão. Então, dobrando as dimensões da casa, seu peso será 8 vezes maior que o original ($2^3=8$), enquanto as colunas serão apenas 4 vezes mais resistentes ($2^2=4$).

Portanto, para manter a estabilidade da edificação, será preciso aumentar a espessura das colunas. Isso pode não ser suficiente, ou ser inviável no projeto. Nesse caso, será preciso construir as colunas com material mais resistente – por exemplo, aumentando a quantidade de ferro dentro do concreto armado.

## Ação das intempéries sobre os materiais

A vida útil de qualquer material é afetada por sua interação com o meio ambiente. Umidade, calor ou frio excessivo, maresia ou ventos devem ser levados em conta no momento da escolha dos materiais e do projeto na construção de uma casa.

O excesso de calor ou de frio e, em particular, grandes variações de temperatura em curtos espaços de tempo provocam dilatação e contração dos materiais, gerando trincas e rompimento. Por essas trincas podem penetrar umidade ou poeira que se misturam ao material da construção, comprometendo a estabilidade, a resistência e a função do material e da estrutura da casa. Para evitar trincas por dilatação, grandes áreas cimentadas possuem pequenas juntas, a espaços regulares.

Em particular, as trincas no concreto armado fazem com que a umidade atinja os vergalhões de ferro em seu interior, propiciando sua oxidação. Os óxidos de ferro ocupam volume maior que o ferro metálico, então os vergalhões vão se expandir e deslocar a camada de cimento que os recobre, tirando a propriedade estrutural do elemento.

Em locais próximos à costa marítima, as casas estão sujeitas à umidade salgada, trazida do oceano pelos ventos. O sal depositado sobre os materiais ajuda a reter a umidade e facilita a corrosão dos mesmos. Em casas próximas ao mar, é preciso usar tintas especiais ou outro tipo de proteção contra a maresia.

Os ventos devem ser considerados quando se faz o dimensionamento da estrutura de uma casa, porque exercem uma força lateral sobre as estruturas. Assim, além da força vertical devida ao peso, as estruturas de sustentação devem ser previstas para suportar essa força horizontal, que em alguns casos pode deformar e fazer oscilar a edificação.

A ocorrência de ventos é principalmente importante na estabilidade de telhados: a estrutura de apoio dos mesmos deve levar em conta o contraventamento, que em geral é feito introduzindo peças em arranjos triangulares (FIG. I-5). Além de evitar deformações, esses arranjos fazem com que o peso do telhado seja transferido para pontos específicos nas paredes de sustentação.

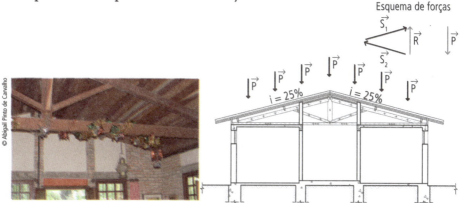

**Figura I-5:** Contraventamento em tesoura de madeira aparente em telhado de duas águas. Residência OLC, em Nova Lima (MG), projeto de A. Carvalho.

$\vec{P}$: peso; $\vec{S}_1$ e $\vec{S}_2$: sustentação pelas vigas; $\vec{R}$: resultante; **i**: inclinação da cobertura.

Os andares mais altos de um edifício podem oscilar com o vento, em alguns casos, com amplitudes de 10 cm ou mais. Eles devem ser construídos com uma estrutura externa flexível e que possa sofrer um deslocamento controlado. As paredes internas devem ser leves e desconectadas da estrutura externa.

Em casos extremos, furacões e terremotos precisam ser levados em conta no momento de se projetar uma casa. Nesses casos é preciso prever, entre outras precauções, coberturas com fixação robusta, fundações que amorteçam as oscilações do terreno, paredes internas de material muito leve. As paredes externas devem ser reforçadas e flexíveis, isto é, o material deve suportar grandes compressões e trações, e, quando deformado, voltar à sua forma original sem se romper.

### Peso de uma casa

A Tabela I-1 indica o peso típico dos diversos componentes de uma casa térrea de 150 m² de área. Note que as paredes internas têm peso menor que as externas. Isso acontece porque elas podem ser feitas com menor espessura (a recomendação usual é de uma espessura de 15 cm), pois sua função de isolamento não é tão exigida quanto a da parede externa. Recomenda-se que esta seja feita usando-se uma espessura de 25 cm.

**Tabela I-1:** peso típico dos componentes de uma casa térrea de 150 m² de área

| Componente | Peso (kgf) |
|---|---|
| cobertura (estrutura de madeira, telhas de cerâmica) | 50.000 |
| forro de estuque | 11.000 |
| parede externa (tijolos de cerâmica, revestimento dos dois lados) | 52.000 |
| paredes internas (tijolos de cerâmica, revestimento dos dois lados) | 40.000 |
| piso de cimento, com carga de pessoas e móveis | 52.000 |
| TOTAL | 205.000 |

**Fonte:** http://www.ebanataw.com.br/roberto/fundacoes/peso.htm

## Atividades

1. **a)** Observe os materiais estocados em um local em obras. Tente verificar a função de cada um, ou converse com os funcionários da obra sobre a utilização dos materiais.

   **b)** A Figura I-6 mostra parte de um canteiro de obras. Os materiais mostrados são os mesmos que aqueles que você observou? Que material falta na fotografia e que você acha importante mencionar?

   **Figura I-6:** Para a Atividade 1

2. Quebre um galho seco e observe: onde houve tração? E compressão? Em que local houve a quebra com mais facilidade? Conclua, então, se a madeira é mais resistente à compressão ou à tração.

3. Usando peças de um brinquedo de montar, construa um triângulo e um quadrado, como na Figura I-7. Pressione as formas pelos vértices e verifique que uma delas se deforma facilmente e a outra não. Qual delas se deforma? Por que isso acontece? Você pode associar suas conclusões com a estrutura metálica de alguma edificação em sua cidade ou algum monumento famoso? Qual?

**Figura I-7:** Montagem para a atividade 3

4. Para verificar os problemas com mudança de escalas, construa duas "pontes" de papel, sendo que todas as dimensões de uma delas são o dobro das respectivas dimensões da outra. Para isso, prepare duas tiras de papel com as dimensões de (20 x 2) cm² e uma tira de (10 x 1) cm². Dobre-as conforme a Figura I-8. Para que a espessura da ponte maior seja o dobro da menor, superponha as duas tiras maiores. Cole as pontas das pontes sobre um suporte, ou coloque pequenos objetos para segurá-las.

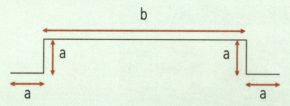

**Figura I-8**: Atividade 4. Para a ponte maior: a = 2 cm; b = 12 cm; espessura = 2 tiras de papel. Para a ponte menor: a = 1 cm; b = 6 cm; espessura = 1 tira de papel

Teste as duas "pontes" com "cargas" proporcionais: para a menor, a carga será um quadrado de papel de (4 x 4) cm², dobrado diversas vezes; para a ponte maior, serão dois quadrados de (8 x 8) cm². Por quê?

Qual das duas "pontes" suporta melhor a "carga"? Por quê? Lembre-se que a resistência de uma estrutura depende da área transversal à direção do esforço, enquanto o peso varia com o volume da carga.

5. Observe as paredes internas de um edifício alto. Elas são rigidamente ligadas ao piso? São semelhantes às paredes externas? Comente suas observações.

6. Identifique juntas de dilatação no pátio de sua escola ou em um local público de sua cidade. Qual a função dessas juntas? Observe se elas cumprem o papel a que são destinadas.

CAPÍTULO II
# CONFORTO TÉRMICO E ACÚSTICO

Uma das principais funções da casa é proporcionar conforto térmico e acústico aos seus ocupantes, ou seja, ser um abrigo que minimize os efeitos do clima muito quente ou muito frio, além de diminuir o ruído externo ou interno. Na maior parte do Brasil, é mais interessante se proteger do calor, porque o frio não é muito intenso e dura pouco tempo.

A proteção contra a temperatura e os ruídos externos é feita pela cobertura, pelas paredes externas, pelos materiais de acabamento e pelo tipo, material e posicionamento de janelas e outros vãos.

Os ruídos internos serão amenizados pelo tipo e posicionamento de objetos e revestimentos no interior da casa.

Ao analisar o conforto térmico e acústico, é preciso levar em conta as características das pessoas: quando residem em climas quentes, por exemplo, estão mais acostumadas ao calor que ao frio, e se sentirão confortáveis com temperaturas que podem ser consideradas muito altas por outras pessoas, acostumadas com climas mais amenos. O mesmo se pode dizer quanto à umidade relativa do ar, às baixas temperaturas, etc. Também o nível de ruído suportável, dentro dos limites adequados ao ser humano, pode variar de pessoa para pessoa, dependendo se ela vive em grandes cidades, com trânsito intenso, ou em regiões mais tranquilas.

## Cobertura

A escolha do tipo de cobertura é determinada por vários fatores. O clima, a insolação, os ventos dominantes, a mão de obra e os materiais disponíveis influenciarão diretamente na escolha, além dos elementos da estrutura, como o tamanho do vão a ser coberto ou o peso do material, e do resultado plástico desejado.

Um dos mais tradicionais é o **telhado inclinado**, que permite o escoamento de água da chuva ou, em certos casos, de neve. Quando existe um forro, há um vão livre entre ele e o telhado, obtendo-se uma camada de ar, que é um bom isolante térmico. Além disso, quando aquecido, esse ar sobe e escapa pelos espaços existentes entre as telhas, permitindo a entrada de ar mais fresco (FIG. II-1A). O efeito é chamado de "efeito chaminé", pois o princípio é o mesmo usado para se ter a exaustão do ar quente com fumaça em uma chaminé ou lareira (FIG. II-1B).

O material mais usado no Brasil para o telhado inclinado são as telhas cerâmicas, que são elas mesmas bons isolantes térmicos. Além disso, por serem porosas, absorvem água da chuva que depois é evaporada, diminuindo sua temperatura. Isso é conveniente nas regiões do Brasil em que as chuvas ocorrem nos dias quentes.

Capítulo II Conforto térmico e acústico

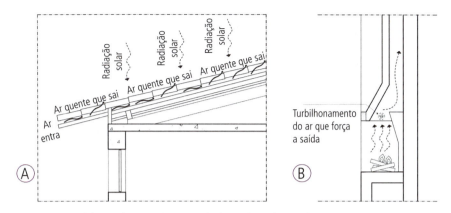

**Figura II-1:** (A) Quando aquecida, a camada de ar sob o telhado sobe e escapa, permitindo a entrada de ar fresco; (B) o mesmo efeito faz com que a fumaça seja retirada de uma lareira

A Figura II-2A mostra uma forma de promover a convecção entre o telhado e o forro da casa; na Figura II-2B temos o gráfico das variações de temperatura durante um dia para a casa da Figura II-2A. O gráfico usa dados obtidos em estudo feito no Instituto de Pesquisas Tecnológicas de São Paulo (IPT).

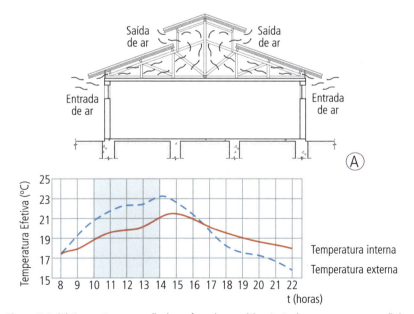

**Figura II-2:** (A) Convecção entre o telhado e o forro da casa; (B) variação da temperatura externa (linha pontilhada) e da temperatura no interior da casa (linha contínua). Fonte: Boletim Eternit 110, jul. 1981

Quando se usa uma cobertura plana, é preciso que ela tenha um mínimo de 1% de inclinação, para permitir o escoamento de água. É necessário revestir esse tipo de cobertura, internamente, com material para isolamento térmico, em geral poliestireno (isopor), ou usar duas ou mais camadas de material, com um colchão de ar entre elas. Pode-se também usar isolamento térmico acima da cobertura: telhas, pedras, escória de alto forno ou água. Em alguns casos tem-se usado o **telhado verde**, que consiste na colocação de um jardim no topo da construção. Esse jardim conterá principalmente plantas rasteiras e de raiz pouco profunda, como as gramíneas. A camada de terra serve como bom isolante térmico e acústico. A presença do jardim diminui a temperatura do telhado, porque as plantas absorvem a energia irradiada pelo Sol e a usam para realizar a fotossíntese; parte da energia é também consumida na transformação da água absorvida pelas plantas em vapor, que escapa como transpiração (evapotranspiração). O jardim diminui a amplitude térmica entre dia e noite, evitando rachaduras devido à contração e expansão da cobertura. Outra vantagem é que ele absorve parte da chuva e diminui a água que, caindo do telhado, poderia provocar alagamentos nas ruas. Nos dias frios, o telhado verde impede que o calor interno da casa seja perdido. O telhado verde necessita de uma boa impermeabilização para evitar infiltrações e mofo na cobertura da edificação, o que poderia causar também o aparecimento de mofo no interior.

Outra solução para isolamento térmico é o chamado **telhado frio**: de cor clara, ele reflete radiação infravermelha e visível, e por isso absorve menos calor do Sol. A porção absorvida é reemitida tanto para fora como para dentro da construção, ou seja, somente uma parte da radiação irá aquecer o interior do imóvel. O telhado frio é mais leve que o telhado verde e não sobrecarrega tanto a estrutura, e por isso pode ser usado em áreas mais extensas.

Tanto o telhado verde quanto o telhado frio apresentam a desvantagem de que, no tempo frio, perde-se o calor que eventualmente aqueceria a casa pelo telhado nos horários em que este recebe o calor do Sol.

**Telhados de metal** são ótimos refletores; porém, mesmo absorvendo pouca radiação, sua temperatura aumenta muito e o ar em volta fica bastante aquecido. Para isolar o interior da casa desse ar aquecido, os telhados de metal necessitam de um revestimento interno, ou serem feitos com duas folhas de metal separadas por um revestimento isolante. O metal é também um bom refletor de ondas sonoras; portanto, o revestimento interno é necessário também para absorver o som e evitar reverberação no interior da casa, como será explicado mais adiante neste capítulo.

A Figura II-3 ilustra diversos tipos de telhado.

**Figura II-3:** (A) Telhado inclinado; (B) telhado verde da California Academy of Sciences, San Francisco (EUA); (C) telhado frio

## Paredes externas

As paredes externas isolam a casa do calor e dos ruídos externos. Os materiais convencionais, tijolos e cimento, são bons isolantes térmicos e acústicos. A posição e o tamanho dos vãos devem ser cuidadosamente estudados, para evitar que esse isolamento seja perdido. Algumas características dos vãos serão estudadas no Capítulo IV – Iluminação.

Em locais quentes, é conveniente pintar as paredes externas de branco ou cores claras, para que a radiação visível e infravermelha seja refletida e não as aqueça. É importante também considerar o material de acabamento: pedras escuras como ardósia e granito absorvem muito calor, que será irradiado para o interior da casa mesmo depois do pôr do Sol.

No Hemisfério Sul, a trajetória leste-oeste do Sol, durante o dia, é inclinada para o norte; ele estará mais alto no céu durante o verão e mais baixo no inverno. É possível orientar a casa de maneira a se ter ou não a penetração de raios solares no seu interior.

Outro recurso para evitar o aquecimento das paredes é o uso de árvores no chão, ao redor da casa: elas vão proporcionar sombra sobre as paredes e, além disso, absorvem calor para fotossíntese e evapotranspiração. No Hemisfério Sul, é conveniente a colocação de árvores no oeste e no norte, para proteger as paredes do sol da tarde.

Em lugares frios, as árvores protegem do vento quando colocadas na direção de onde vem o vento frio; para isso é preciso escolher árvores que não perdem folhas no inverno (folhas perenes), e colocá-las distantes da construção. Nas proximidades da casa, a presença de árvores faz com que se perca o calor do Sol que, eventualmente, aqueceria a casa pelas paredes e janelas; nesses locais, colocam-se, próximo às paredes, árvores que perdem as folhas no inverno (folhas caducas). Além disso, no inverno, o Sol fica mais baixo no horizonte, e sua radiação passa por baixo de árvores altas.

Em lugares quentes, em que se tem forte insolação durante todo o ano, devem ser escolhidas árvores com folhas perenes.

A Figura II-4 mostra uma proposta do uso de árvores para promover o conforto na edificação.

**Figura II-4:** Localização de árvores no entorno das edificações

## Calçadas

As calçadas e o revestimento das ruas são uma incômoda fonte de calor nos dias quentes: tanto o cimento quanto o asfalto têm grande capacidade térmica; absorvem grande quantidade de calor, que depois é reemitido para o ar do entorno, aquecendo os ambientes. Para minimizar esse efeito, podem ser usadas as **calçadas frias**, feitas de cimento ou asfalto misturado com pigmentos claros; assim se evita o excesso de aquecimento. Como haverá menos amplitude térmica entre as horas de insolação e as noturnas, haverá menos rachaduras. Pode haver a desvantagem de se ter o calor refletido para as paredes das casas em volta.

Também são úteis as chamadas calçadas ecológicas, formadas por trechos calçados com cimento ou pedras, alternados com trechos gramados. Além de absorver a água da chuva, a grama reduz a radiação refletida (FIG. II-5).

**Figura II-5**: Calçadas ecológicas

## Onde se deve instalar o aparelho de ar refrigerado? E onde deve ficar o aquecedor de ambiente? E os climatizadores de ambiente?

Sabemos que o ar quente, menos denso que o ar frio, tende a subir. Por isso, os aparelhos de ar refrigerado devem ser colocados no alto da parede. Assim, eles irão resfriar o ar que está em cima; o ar frio, mais denso, descerá, e será substituído por ar quente, que por sua vez será esfriado pelo aparelho. Esse movimento do ar é chamado de convecção. Em geral, o aparelho é colocado não muito mais alto que a altura de uma pessoa, pois não nos interessa esfriar o ar que está acima de nossas cabeças.

Instalado próximo ao chão, o aparelho de ar refrigerado irá criar uma camada de ar frio que não subirá, por ser mais densa, e teremos os pés gelados e a cabeça quente.

Os aquecedores de ambiente, ao contrário, devem ser colocados próximo ao chão; eles vão aquecer o ar à sua volta, tornando-o menos denso, o que fará com que suba e seja substituído por ar mais frio, que por sua vez será aquecido. Se for colocado no alto, teremos novamente pés frios e cabeça aquecida.

Existem aparelhos climatizadores, que podem funcionar seja aquecendo seja resfriando o ar, conforme a estação do ano. Esses aparelhos precisam ter uma ventilação forçada: caso estejam localizados no alto, haverá convecção natural, se usados para esfriar o ambiente, mas, para aquecer, será necessário forçar o ar quente para baixo; e, se forem instalados junto ao chão, haverá convecção quando usados para aquecimento, mas, se usados para resfriar o ambiente, será necessário forçar o ar frio para cima.

## Muitos convidados

Em uma sala onde muitas pessoas se reúnem, o aparelho de ar-condicionado precisa ser mais potente que em ambientes como os quartos, com menos pessoas, pois as próprias pessoas irradiam calor e aquecem o ambiente. Em compensação, a necessidade de aquecimento da sala é menor.

## Conforto acústico

Geralmente, deseja-se isolar o interior de uma casa dos ruídos externos, sejam eles de tráfego, pessoas ou obras. As ondas sonoras que se propagam pelo ar se refletem nas edificações próximas ou nos acidentes geográficos (montanhas, lagos) e podem chegar a locais inesperados, devido a mudanças na direção de propagação. As paredes, cobertura da casa e vãos (quando fechados) impedem a propagação do som externo para o interior, absorvendo parte da sua intensidade e refletindo outra parte. Para isso, é necessário que o material da construção seja um bom isolante acústico (paredes grossas, janelas bem vedadas, telhado com forro, etc.). Há também a propagação de ondas sonoras pelo solo, principalmente nas frequências mais graves. A propagação ou a absorção dessas ondas vai depender do tipo de solo e da maneira com que a casa está fixada ao chão: um solo mais rígido permitirá a melhor propagação de ondas, assim como alicerces rígidos em contato com a parte rochosa do solo.

Árvores plantadas ao redor da casa podem também absorver parte do ruído externo.

Os ruídos internos podem ser minimizados pelas paredes internas, pelo tipo de ocupação e revestimento da casa. Tecidos e madeira são bons absorvedores de som, enquanto cerâmicas, metal e vidro absorvem muito pouco e refletem grande parte do som. Ambientes muito vazios, com piso em cerâmica e paredes de azulejo, favorecem a reflexão sonora e provocam o efeito conhecido como reverberação, em que o som se reflete várias vezes nas paredes e no piso. Após a chegada do som original aos ouvidos do observador, ele percebe o eco, que se mistura a outros sons e pode causar desconforto. Por isso, ambientes com cortinas, piso de carpete ou madeira e móveis de tecido e madeira parecem mais confortáveis do ponto de vista acústico. Em locais quentes, será necessário encontrar uma conjugação entre o conforto térmico e o conforto acústico: uma sala com cortinas, carpete e janelas fechadas terá bom conforto acústico, mas pode se tornar desagradável em um dia quente se estiver cheia de gente!

> **Som e umidade do ar**
>
> O som se propaga melhor no ar úmido que no ar seco. Por isso, em dias chuvosos, temos a impressão que as pessoas falam mais alto, o trânsito está mais intenso, etc. Nos dias úmidos costumam-se ouvir sons de fontes distantes (o apito de um trem, música de um local distante) que não são ouvidos em dias secos.

## Atividades

1. Obtenha dois pedaços de tijolo e pinte uma das faces de cada um, um de preto, outro de branco. Coloque-os ao sol, com a face pintada para cima. Depois de certo tempo, toque os dois tijolos: qual deles está mais quente? Por quê? Discuta sobre o efeito de pintar as paredes externas de uma casa de branco, ou de preto.

2. Coloque uma das mãos sobre uma vela acesa, a uma distância tal que você não sinta desconforto devido ao calor. Faça o mesmo com a mão colocada ao lado da vela. Em que caso a mão se aproximou mais da vela? Por que isso acontece? Use sua resposta para explicar qual é o melhor local para se instalar um aquecedor de ambiente.

3. Num dia quente, abra a porta da geladeira de sua casa e note que o ar frio desce até os seus pés. Por que isso acontece? A partir do seu raciocínio, explique qual é o melhor local para se instalar um aparelho de ar-condicionado.

   **Observação**: não faça essa experiência muitas vezes, pois você irá forçar o motor da geladeira.

4. Analise o gráfico da Figura II-2B e explique por que a temperatura no interior da casa estudada não é igual à temperatura externa.

5. Ande com os pés descalços em um piso de cerâmica e em outro, revestido com carpete ou tapete. A sensação térmica é a mesma nos dois casos? Há uma diferença? Qual, e por quê? Note que a cerâmica e o carpete estão à mesma temperatura, igual à temperatura ambiente.

6. Bata palmas em um banheiro revestido de azulejos, e depois em uma sala com cortinas, móveis estofados, etc. Há uma diferença na sensação sonora nesses dois casos? Qual, e por quê?

CAPÍTULO III
# FORNECIMENTO DE ENERGIA ELÉTRICA

Atualmente, nas regiões urbanas, é praticamente impossível se conceber uma casa onde não há fornecimento de energia elétrica. Em locais isolados, onde não há fornecimento por empresas, os aparelhos elétricos são movidos a pilhas ou geradores. Nesse capítulo, o uso da eletricidade em uma casa será estudado usando-se conceitos simples de Física.

## Projeto elétrico

O projeto elétrico de uma casa é feito por um especialista e vai indicar o tipo de fiação que deve ser usada, as chaves de segurança, a distribuição dos pontos de energia, conexões de TV, telefone ou internet, entre outros itens. A Figura III-1 mostra um exemplo de projeto elétrico.

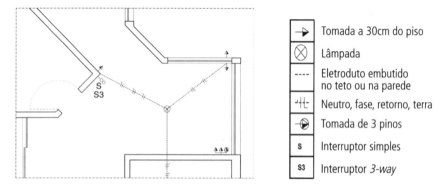

**Figura III-1:** Exemplo do projeto elétrico de uma sala de estar

A **fiação** escolhida depende da corrente elétrica que deve ser distribuída. Quando a corrente elétrica passa por um fio, este é aquecido por efeito Joule: o aquecimento depende da corrente que flui e da resistência elétrica do material do fio. Assim, para evitar superaquecimento da rede elétrica, é necessário saber que tipos de aparelho serão instalados na casa e seu consumo médio. Quanto maior a corrente elétrica, menor deve ser a resistência do fio, o que pode ser conseguido usando-se um fio de diâmetro maior. Porém, fios mais grossos, contendo mais metal, são mais caros. O projeto, em geral, especifica o diâmetro mínimo do fio a ser usado.

Os **pontos de energia** são escolhidos de acordo com o uso previsto para cada ambiente. Como as ligações elétricas são feitas em paralelo, cada aparelho recebe a tensão total oferecida, de 127 V ou 220 V, dependendo da região e do tipo de projeto. Nesse caso, as correntes que circulam por todos os equipamentos se somam. O número de pontos e o tipo de aparelhos que serão ligados a eles dão ideia da corrente máxima que passará pela rede elétrica, determinando a escolha do diâmetro do fio.

As **chaves de segurança** são introduzidas no sistema elétrico para interromper a passagem da corrente, no caso em que um excesso de corrente possa aquecer a fiação ou danificar os aparelhos. Elas podem ser constituídas de fusíveis ou de disjuntores.

Os **fusíveis** são pequenos trechos de fio introduzidos no circuito, em série com o resto da rede elétrica. Seu comprimento e diâmetro são calculados de tal forma que, se a corrente no circuito ultrapassar certo valor, o fusível sofrerá superaquecimento por efeito Joule e se romperá, abrindo o circuito. O fusível é um componente barato e eficiente, mas precisa ser substituído cada vez que se rompe.

Os **disjuntores** usam um efeito térmico ou um magnético para interromper o circuito, ou desarmar.

O disjuntor térmico tem uma lâmina bimetálica. Quando a corrente no circuito excede o valor considerado seguro, a lâmina se curva e interrompe o circuito elétrico. Já o disjuntor magnético possui uma bobina que, no caso de excesso de corrente, cria um campo magnético de intensidade suficiente para atrair um componente metálico do circuito e interrompê-lo. Normalmente, os disjuntores possuem os dois elementos, lâmina bimetálica e bobina, e são chamados disjuntores termomagnéticos.

A vantagem do disjuntor é que, uma vez solucionado o episódio de excesso de corrente, ele pode ser novamente ligado, diferentemente do fusível, que precisa ser substituído a cada vez.

A Figura III-2 mostra um fusível e um disjuntor.

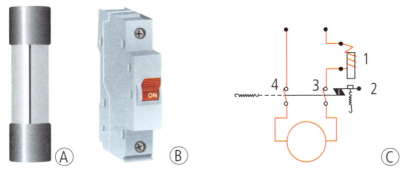

Figura III-2: (A) fusível; (B) disjuntor; (C) esquema interno de um disjuntor magnético: o excesso de corrente aumenta o campo magnético em 1, atraindo a peça 2 que, ao se deslocar, interrompe o circuito elétrico em 3 e 4

## O medidor de consumo

A empresa que fornece energia elétrica para uma residência cobra pelo consumo, que é medido na entrada da rede elétrica.

O medidor de consumo de eletricidade, apelidado de "relógio de luz", possui duas bobinas que geram campos magnéticos proporcionais, respectivamente, à tensão fornecida à residência e à corrente que circula pelos equipamentos ligados. Entre as bobinas existe um disco de alumínio que pode girar devido a correntes parasitas, geradas pelos campos magnéticos. A velocidade de rotação do disco é proporcional ao produto da tensão e da corrente no circuito, e a contagem do número de voltas fornece o consumo da residência. Em medidores mais sofisticados, o disco de alumínio é substituído por um circuito eletrônico que emite pulsos em frequência proporcional ao consumo de energia elétrica. A Figura III-3 mostra um medidor de consumo elétrico.

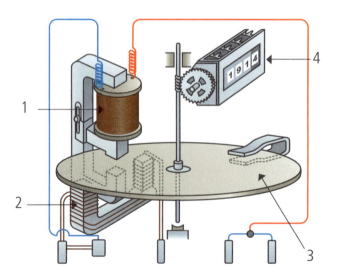

**Figura III-3:** Medidor de consumo elétrico: (1) bobina sensível à tensão; (2) bobina sensível à corrente; (3) disco girante, de alumínio; (4) mostradores

### Quando a ligação elétrica em paralelo é útil? E a ligação em série?

A ligação em paralelo é usada quando se deseja que todos os aparelhos recebam a mesma tensão. Nesse tipo de ligação, cada aparelho ou lâmpada pode ser ligado ou desligado independentemente, sem afetar o funcionamento dos outros aparelhos (FIG. III-4). Em compensação, a corrente total é a soma das correntes que circulam por cada aparelho, e é preciso ter o cuidado de não exceder seu limite de segurança.

Na ligação em série, a mesma corrente passa por todos os aparelhos, sendo a tensão total dividida entre eles. Ela é usada, por exemplo, na decoração natalina, em que um conjunto de pequenas lâmpadas é ligado em série. Uma das lâmpadas possui um sistema que impede a passagem de corrente quando é aquecida, e reestabelece a ligação depois de esfriar, "piscando" continuamente. Como todo o conjunto está ligado em série, todas as outras lâmpadas irão "piscar" junto com ela. A desvantagem desse sistema é que, se uma das lâmpadas estiver danificada, qualquer que seja ela, não haverá passagem de corrente, e todo o conjunto ficará apagado.

**Figura III-4:** Em um ambiente com diversas lâmpadas, é aconselhável que elas estejam ligadas em paralelo, pois, caso uma delas esteja danificada, as outras poderão ser acesas normalmente.

## Tensão nas redes domésticas

Após a geração da energia elétrica, sua tensão é aumentada para a distribuição a longas distâncias; isto é feito porque, se a tensão é mais alta, há menos perda de energia na distribuição.

A afirmação acima pode ser verificada notando-se que a passagem da corrente **i** por um cabo de resistência **R** gera um aquecimento por efeito Joule; em um intervalo de tempo **t**, a energia elétrica transformada em energia térmica $E_T$ pode ser descrita como:

$$E_T = R \cdot i^2 \cdot t$$

Ora, a energia elétrica $E_d$ distribuída em um intervalo **t**, depende da tensão **V** e da corrente **i**:

$$E_d = V \cdot i \cdot t$$

Aumentando-se o valor de **V**, pode-se obter o mesmo valor de energia distribuída, usando-se uma corrente mais baixa. Então, aumentando-se **V** na distribuição, a perda por efeito Joule nos cabos será menor, já que o valor de **i** será mais baixo.

Para ser fornecida às residências, a tensão é novamente baixada, em diversas etapas; nas residências, usa-se a tensão de 220 V ou 127 V, dependendo do tipo de circuito empregado. A tensão de 220 V é mais econômica, pois gera menos perda por aquecimento nos fios da residência, mas seu risco em caso de choques elétricos é maior. Em diversas cidades do Brasil, a tensão usada é a de 127 V, e a maioria dos equipamentos elétricos disponível no comércio funciona com esse valor. Apenas aparelhos que consomem muita potência (chuveiros, aquecedores) usam a tensão de 220 V, em ligações elétricas especiais. Em outras localidades, todos os pontos de energia das residências usam a tensão de 220 V.

## Consumo de alguns aparelhos domésticos

A Tabela III-1 mostra o consumo médio de energia para alguns aparelhos domésticos, segundo dados do Inmetro e da ANEEL. Além da potência do aparelho, o consumo mensal depende do tempo de utilização do mesmo.

**Tabela III-1:** Consumo médio de energia elétrica de alguns aparelhos domésticos

| Aparelho | Potência (kW) | Utilização mensal horas/dia | Utilização mensal dias/mês | Consumo mensal de energia (kWh) |
|---|---|---|---|---|
| Lâmpada incandescente de 60 W | 0,060 | 4 | 30 | 7,2 |
| Lâmpada econômica equivalente a 60 W | 0,012 | 4 | 30 | 1,4 |
| TV em "stand-by" | 0,005 | 24 | 30 | 3,6 |
| TV em funcionamento | 0,1 | 4 | 30 | 12 |
| Computador | 0,15 | 4 | 30 | 18 |
| Geladeira | 0,3 | 24 | 30 | 216 |
| Lavadora de roupas (água fria) | 1,0 | 1 | 12 | 12 |
| Chuveiro elétrico | 5,0 | 1 | 30 | 150 |
| Condicionador de ar | 2,0 | 8 | 30 | 480 |
| Forno de micro-ondas | 1,0 | 0,5 | 30 | 15 |
| Ventilador de teto | 0,1 | 8 | 30 | 24 |
| Ferro elétrico | 1,0 | 2 | 4 | 8 |

Podemos notar que os aparelhos que mais consomem energia elétrica são os que provocam aquecimento (chuveiro, ferro elétrico), resfriamento (ar-condicionado) ou que funcionam continuamente (geladeira). Nota-se também que a lâmpada incandescente tem consumo muito maior que a lâmpada econômica equivalente; por essa razão, ela foi retirada do mercado brasileiro.

## Atividades

1. Observe os pontos de tomada elétrica em sua casa ou sala de aula. Eles são suficientes para o uso dos equipamentos presentes? São usados adaptadores em T ("benjamins")? Qual o risco do uso desses adaptadores?

2. Verifique a fatura de energia elétrica de sua casa. Que unidades são usadas na medição? Como é feita a cobrança (periodicidade, preço, etc.)?

3. Observe o medidor de energia elétrica de sua casa, e tente identificar algumas partes que o compõem.

4. Use os dados da Tabela III-1 para calcular o valor aproximado do consumo de energia elétrica em sua casa. Compare o valor calculado com o indicado na fatura. Caso haja divergências, tente explicá-las.

CAPÍTULO IV
# ILUMINAÇÃO

    Em uma residência, é importante se ter iluminação adequada para realizar confortavelmente as tarefas do dia a dia. É conveniente que durante o dia seja possível usar a luz do Sol, através de aberturas bem dimensionadas e posicionadas. Durante a noite, a luz solar será substituída por iluminação artificial. Em ambos os casos, a pintura usada em paredes e teto influi na quantidade de luz recebida.

## Radiação solar

O Sol nos envia radiação eletromagnética com diversos comprimentos de onda. Parte dela é filtrada pela atmosfera terrestre e, em particular, recebemos radiação nas faixas do ultravioleta (comprimentos de onda menores que o comprimento de onda da luz violeta), visível e infravermelho (comprimentos de onda maiores que o da luz vermelha), como é mostrado na Figura IV-1.

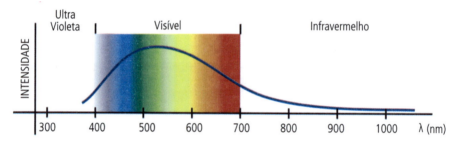

**Figura IV-1:** Radiação solar recebida na superfície da Terra

A radiação ultravioleta tem energia suficiente para arrancar elétrons de átomos e moléculas, destruindo-os. Por isso, ela tem efeito bactericida e, em pouca quantidade, pode ser benéfica à saúde humana, mas o excesso de exposição tem efeitos danosos sobre a pele, causando queimaduras ou até câncer de pele. A radiação ultravioleta também pode danificar objetos, manchando ou desbotando suas cores e degradando certos materiais.

A luz visível tem energia suficiente para fazer vibrar os elétrons nos átomos, sem que estes sejam arrancados. A interação da luz visível com os átomos dos objetos e com os nossos olhos nos permite a identificação de formas, cores e distâncias, através do nosso sentido da visão.

A radiação infravermelha tem energia capaz de fazer vibrar as moléculas e aumentar a temperatura da matéria. Assim, os objetos são aquecidos quando recebem radiação nesses comprimentos de onda.

## Lâmpadas

Até o século XIX, a iluminação que substituía o Sol durante a noite era o fogo, na forma de fogueiras, velas, candeeiros e, posteriormente, de iluminação a gás. Com a descoberta e a disponibilização da eletricidade para uso doméstico, surgiram as lâmpadas elétricas, que substituíram as outras formas de iluminação.

As **lâmpadas incandescentes** foram inventadas ao mesmo tempo, nos anos 1870, pelo inglês Joseph W. Swan (1818-1914) e pelo americano Thomas A. Edison (1847-1931); nelas, um filamento condutor é aquecido até a incandescência por efeito Joule, devido à passagem de corrente elétrica. Os primeiros filamentos eram fibras de carbono, obtidas de papel, linha de costura ou de caules de bambu. Esses materiais foram mais tarde substituídos por metais resistentes a altas temperaturas, como o tungstênio. Para evitar sua oxidação, o filamento precisa ser aquecido em um ambiente livre de oxigênio. Por isso ele é colocado em um receptáculo de vidro fechado, sob vácuo ou contendo um gás inerte – em geral, uma mistura de argônio e nitrogênio.

As lâmpadas incandescentes são equivalentes a um corpo negro com temperatura de $\approx 2.200\,°C$; sua emissão se dá principalmente na região do infravermelho, e apenas 10% da emissão se dá na região visível, o que resulta numa iluminação vermelho-amarelada. Devido à sua baixa eficiência luminosa, as lâmpadas incandescentes não são mais fabricadas ou comercializadas no Brasil.

Outra desvantagem da lâmpada incandescente é que o filamento de tungstênio, por estar submetido a altas temperaturas, se evapora lentamente; o vapor se deposita nas paredes internas do bulbo, que estão mais frias e vão ficando escurecidas, até que o filamento se rompe. Para evitar esses problemas, nos anos 1950 foram desenvolvidas as **lâmpadas halógenas**, que contêm, dentro do bulbo, uma pequena quantidade de halogênio (iodo ou bromo) dissolvida no gás. O tungstênio evaporado se combina com o halogênio, a baixas temperaturas, formando iodeto (ou brometo) de tungstênio, que fica circulando dentro do bulbo, e, ao se aproximar do filamento aquecido, se decompõe, com a precipitação do tungstênio sobre o filamento e a liberação do halogênio. Dessa forma, a vida do filamento e do bulbo é prolongada, o bulbo pode ter menores dimensões e o filamento pode trabalhar a temperaturas mais altas ($\approx 3.000\,°C$), fornecendo mais radiação visível e menos infravermelha. A radiação ultravioleta emitida é mais intensa devido à alta temperatura do filamento, e por isso o bulbo é feito com quartzo, mais eficiente na absorção nessa faixa do espectro eletromagnético, que, em excesso, pode ser danosa. Um cuidado necessário com as lâmpadas halógenas é que não se deve tocar o bulbo com os dedos, pois os óleos da pele se depositarão sobre o bulbo. Como o óleo absorve o calor mais facilmente que o quartzo, ele formará regiões superaquecidas e a dilatação sobre a superfície do bulbo não será uniforme, provocando trincas e a inutilização da lâmpada.

Por terem tamanho diminuto, as lâmpadas halógenas podem fornecer um feixe direcionado de luz. Para isso, o bulbo é montado sobre uma superfície refletora curva, que é em geral, de alumínio. A montagem também pode ser feita sobre uma superfície de material dicroico. Um material dicroico é aquele que tem dois tipos de comportamento óptico diferentes, para diferentes comprimentos de onda; o material usado nas lâmpadas reflete a luz visível, mas absorve o infravermelho. Na **lâmpada dicroica**, o calor gerado pelo filamento escoa pela parte posterior da lâmpada, e é preciso cuidado para que não haja superaquecimento no suporte e nas conexões.

As lâmpadas dicroicas são muito usadas em faróis de carros ou em sistemas de iluminação em que se deseja um feixe de luz forte, direcionado. Elas são também úteis para iluminar objetos que não podem ser aquecidos (em museus, vitrines, etc.).

### Velas ou lâmpadas?

Mesmo depois que já havia eletricidade nas residências, as pessoas preferiam a luz das velas, a que estavam mais acostumadas. Por exemplo, no início do século XX, as casas elegantes tinham luminárias onde se podiam colocar ao mesmo tempo velas e lâmpadas, e usar o que fosse mais conveniente para a ocasião. As velas, no entanto, podiam provocar acidentes, como o que ocorreu durante o terremoto de 1906, em San Francisco (EUA), quando os candelabros caíram e toda a cidade foi tomada por um terrível incêndio. Há também relatos de incêndios provocados pela queda de velas acesas sobre material inflamável em igrejas, após cerimônias de casamento, como o incêndio da Matriz de Pitangui (MG).

Nos anos 1930, começaram a ser desenvolvidas as **lâmpadas fluorescentes**. Elas consistem em um tubo contendo um gás nobre (em geral, argônio) e pequena quantidade de mercúrio, com dois eletrodos nas pontas. Os eletrodos são submetidos a alta tensão, enquanto o gás é ionizado, liberando elétrons. Os elétrons são acelerados pela alta tensão e se chocam com átomos de mercúrio, cedendo a eles sua energia e levando-os a um estado excitado. Nos átomos excitados, os elétrons estão em um nível mais elevado que o fundamental, e, quando decaem, emitem radiação ultravioleta. As paredes internas do tubo são recobertas por compostos fosforescentes, que transformam grande parte da radiação ultravioleta em luz visível.

Essas lâmpadas trabalham em temperaturas mais baixas que as incandescentes, e por isso duram mais tempo. Além disso, são mais eficientes, emitindo mais radiação visível. O tom branco azulado da sua emissão é considerado desagradável para muitas pessoas, mas pode ser alterado, mudando-se a composição do material que recobre as paredes do tubo ou do gás em seu interior.

Nos anos 1970, começaram a ser desenvolvidas as **lâmpadas fluorescentes compactas**, em que o tubo é espiralado para ocupar menos espaço, e que hoje são aconselhadas para uso doméstico no Brasil. O circuito que provoca a ionização do gás foi modificado para baixar a tensão necessária para o início do funcionamento das lâmpadas e fazer com que essa partida seja mais rápida.

Outro tipo de iluminação, mais recente e muito econômica, é a fornecida pelos **LEDs**, cujo nome deriva da palavra em inglês *Light Emitting Diode* (diodo emissor de luz). Os primeiros LEDs foram construídos nos anos 1960 e emitiam radiação infravermelha. Em seguida, foram desenvolvidos LEDs que emitiam luz visível vermelho, verde, laranja, amarelo, violeta. O último a ser proposto foi o LED azul, cuja combinação de materiais exigiu o uso de técnicas mais elaboradas. O desenvolvimento do LED azul rendeu o prêmio Nobel em Física de 2014 para os pesquisadores japoneses Isamu Akasaki (1929-), Hiroshi Amano (1960-) e Shuji Nakamura (1954-), este último naturalizado norte-americano. Com o advento do LED azul, fechou-se o ciclo das cores visíveis, e hoje é possível se obter luz de qualquer cor desejada usando LEDs.

Em um LED, temos duas camadas de material semicondutor, onde cada uma tem a adição de um elemento diferente, que faz com que a camada tenha um "excesso" de elétrons livres ou de vacâncias (falta de elétrons). Aplica-se uma diferença de potencial ao dispositivo, e isso provoca o movimento dos elétrons. Na fronteira entre as duas camadas (região da junção), os elétrons ocupam as vacâncias; na recombinação, o elétron cai para um estado de energia mais baixo, emitindo luz, cuja frequência depende dos dois materiais empregados.

O LED branco pode ser conseguido de duas maneiras:
- usa-se um LED azul, recoberto com um filtro amarelo/vermelho, e o resultado é uma luz branca suave;
- usam-se 3 LEDs, vermelho, verde e azul, bem próximos uns dos outros, e a soma de sua luminosidade resulta em luz branca.

Além de emitir em comprimentos de onda bem definidos, os LEDs são ativados com tensões muito baixas, sendo, portanto, bastante econômicos. No entanto, a luminosidade fornecida é baixa e direcional, o que impede seu uso em algumas aplicações. Esses problemas têm sido resolvidos com o avanço da tecnologia, e os LEDs têm ganhado espaço no mercado de iluminação.

A Figura IV-2 ilustra alguns tipos de lâmpadas.

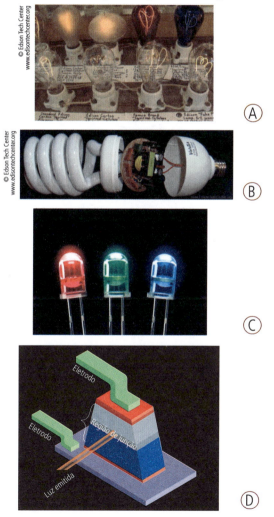

**Figura IV-2:** (A) Lâmpadas incandescentes; (B) lâmpada fluorescente compacta desmontada, mostrando o circuito que provoca a ionização do gás no interior do tubo; (C) LEDs nas 3 cores fundamentais; (D) esquema de funcionamento do LED

## Curvas espectrais

Uma curva espectral mostra a intensidade da emissão de luz de um corpo para as diferentes cores, isto é, para os valores dos comprimentos de onda de emissão. A Figura IV-3 mostra as curvas espectrais do Sol e dos diversos tipos de lâmpadas.

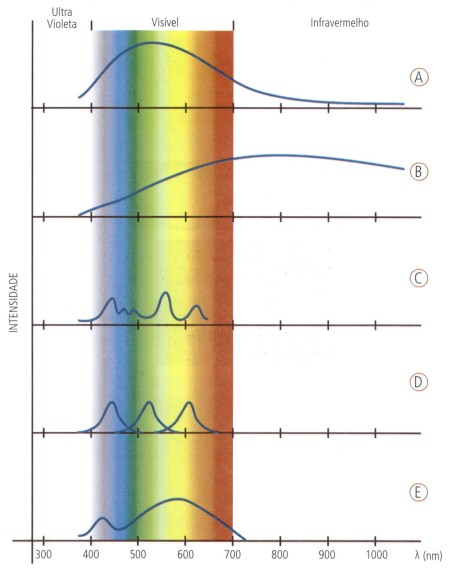

**Figura IV-3:** Curvas espectrais do Sol e de diversos tipos de lâmpadas

Na Figura IV-3A, vemos a curva espectral do Sol. Ela é equivalente à curva espectral de um corpo negro com temperatura de aproximadamente 6.000 °C, com emissão principalmente no espectro visível, e menos intensa no infravermelho e no ultravioleta. As lâmpadas que proporcionam iluminação mais confortável são aquelas que são percebidas por nós como semelhantes à emissão da luz solar.

Na Figura IV-3B, temos a emissão de uma lâmpada incandescente, que corresponde a um corpo negro com temperatura aproximada de 2.500 °C. Esse tipo de lâmpada emite, em parte, na região visível, mas principalmente no infravermelho. Por isso, sentimos que ela se aquece muito quando acesa. A iluminação obtida é semelhante à solar, porém, com tons mais amarelados ou avermelhados. A curva espectral da lâmpada incandescente indica que ela é muito pouco eficiente na emissão de luz visível.

A Figura IV-3C mostra a curva espectral de uma lâmpada fluorescente. Ela emite em valores específicos de comprimentos de onda, determinados pelo gás em seu interior e pelo composto fosforescente que recobre o tubo. Quando há mais emissão no azul, ela tem a chamada "luz fria". A lâmpada de "luz morna" emite maior intensidade de verde e vermelho, para que sua emissão seja percebida como sendo mais semelhante à luz solar. As lâmpadas fluorescentes emitem principalmente luz visível, e, portanto, são mais eficientes que as incandescentes.

Na Figura IV-3D, temos as curvas espectrais de três LEDs que emitem, respectivamente, luz azul, verde ou vermelha. É possível obter luz branca ou de qualquer outra cor usando-se uma combinação adequada de LEDs das três cores. A Figura IV-3E mostra outra forma de se obter um LED branco: recobre-se o bulbo de um LED azul com material fosforescente amarelo, de forma que parte da luz azul seja absorvida e reemitida em comprimentos de onda que têm um pico máximo no amarelo. Nosso cérebro interpreta essa combinação de cores como branca.

> As pessoas daltônicas têm dificuldade em distinguir algumas cores; a forma mais frequente de daltonismo é aquela em que a pessoa não distingue o vermelho e o verde. Para essas pessoas, costuma ser indiferente o uso de lâmpadas de "luz fria" ou "luz morna".

## Entrada de luz e ar através dos vãos

A função dos vãos em uma casa é deixar entrar luz e ar no cômodo em geral; possuem fechamento de vidro, madeira ou outro material, para fazer o isolamento acústico e térmico do ambiente interno.

O vidro usado em janelas e outros vãos permite a passagem de radiação infravermelha, de luz visível e de muito pouco da radiação ultravioleta. Assim, o fechamento com vidro pode proteger pessoas, móveis e objetos contra a radiação ultravioleta e deixará passar a luz visível, tornando o ambiente claro, porém não protegerá esse ambiente contra o aumento de temperatura. A Figura IV-4 mostra a curva espectral de transmissão para uma janela de vidro comum.

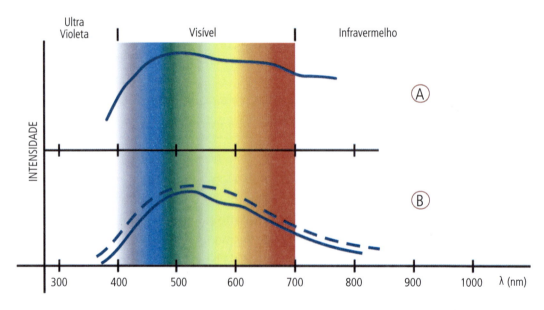

**Figura IV-4:** (A) Espectro de transmissão do vidro comum; (B) espectro de emissão do Sol (linha pontilhada) e espectro dessa mesma radiação, após passar por uma janela de vidro (linha contínua)

Existem filmes de material plástico que podem ser usados sobre o vidro para modificar a transmissão da luz. Eles são usados geralmente em vidros automotivos e em residências. Equivocadamente, as pessoas associam a transmissão de calor com a da luz, e escolhem filmes que cortam grande parte da luz visível. No entanto, esses filmes não impedem a transmissão da radiação infravermelha, e como resultado se tem um ambiente escuro e quente. Existem filmes mais sofisticados, que transmitem luz visível enquanto filtram o infravermelho e o ultravioleta: com o uso desse tipo de filme, obtém-se um ambiente claro, protegido do ultravioleta e do calor excessivo.

Para o **isolamento térmico**, é comum o uso de fechamento duplo: duas folhas de vidro, separadas por uma camada de ar. A camada de ar é um bom isolante térmico, devido à baixa condutividade térmica do ar. O vão deverá ser fechado quando se usam condicionadores de ar ou aquecimento de ambientes, impedindo a entrada do calor externo (em dias quentes) ou a perda do calor interno (em dias frios). Sendo feitas em vidro transparente, o fechamento duplo deixa passar a luminosidade do Sol durante o dia. No entanto, seu uso não é conveniente em locais que necessitam de renovação constante de ar (cozinhas, banheiros).

Para se obter **isolamento acústico**, pode-se usar vidro espesso, janelas duplas (onde a camada de ar entre as placas de vidro amortece o som), ou vidro laminado (duas ou mais folhas de vidro separadas por uma camada de resina que amortece as ondas sonoras). É preciso que o fechamento seja bem instalado, para que não haja frestas ao seu redor, pois o som se propagará através do ar nas frestas.

Janelas, portas e outros vãos deixam passar luz e ar, que influenciam a temperatura do interior da casa. Além dos recursos físicos, podemos fazer escolhas que minimizam a atuação do calor, do frio ou do excesso de ventilação:

- escolha da localização dos vãos de acordo com a insolação: por exemplo, nas regiões mais quentes do hemisfério sul, o ideal é ter os vãos na direção leste, evitando-se o oeste, para não se ter o sol da tarde dentro das casas, ou voltados para o sul, sem incidência direta de sol;
- escolha de fechamentos adequados, dependendo do resultado esperado:
  – o fechamento com folha cega impede a passagem de luz e de ar,
  – as folhas de veneziana barram a luz e deixam passar um pouco de ar,
  – vidraças permitem a passagem de luz, mas não a de ar,
  – com o fechamento tipo muxarabi (treliças), teremos a passagem de pouca luz e muito ar,
  – os *brises-soleil* provocam sombras que impedem a passagem da luz, mas a passagem do ar não é impedida.

## Pintura

O uso de pintura nas edificações pode ser útil quando se leva em conta a iluminação, o conforto térmico e a proteção das superfícies.

A escolha da cor das paredes internas de uma casa influencia a **iluminação** dos cômodos: as cores escuras absorvem quase todos os comprimentos de onda da luz visível, deixando o ambiente mais escuro. O interior de casas de madeira, por exemplo, é pouco iluminado, devido ao tom escuro da madeira. As cores mais claras, por sua vez, absorvem pouco a luz visível e refletem quase toda a luz incidente nelas, aumentando a iluminação ambiente.

A cor das paredes externas influencia o **conforto térmico** da casa: paredes claras refletem os raios solares na faixa visível e no infravermelho próximo, diminuindo o aquecimento da parede, que por condução seria transmitido para o interior da casa. Em locais de clima quente, pode ser conveniente ter paredes externas brancas ou de cor clara. Em climas frios, uma parede externa de cor escura vai absorver radiação infravermelha, aquecer a parede e transmitir o calor para o interior da casa.

Todas as superfícies sofrem algum tipo de desgaste com o passar do tempo, seja devido ao uso, intemperismo natural ou outros agentes externos. Entre essas superfícies, têm-se os metais, que sofrem os efeitos da corrosão; a madeira, que pode apodrecer, empenar ou rachar; e a alvenaria, que absorve água e pode trincar. O uso de tinta para recobrir as superfícies serve, portanto, também de **proteção**: ela prolonga sua vida útil, principalmente se for precedida por camadas de produtos impermeabilizantes ou fixadores.

As tintas usadas na construção civil têm três componentes principais:

- o **solvente**, que dá fluidez à tinta e evapora após a aplicação; nas tintas para paredes, o principal solvente é água ou óleos;
- após a evaporação do solvente, o **ligante** ou resina forma um filme e aglomera o pigmento; em paredes, o ligante mais comum é o látex, composto por polímeros.
- o **pigmento** é composto por finas partículas sólidas, que dão cor e textura à tinta; ele pode ser inorgânico, natural, sintético ou orgânico.

---

*Usando-se uma tinta à base de água, pode-se mais tarde lavar a parede?*

Sim, pois, quando a tinta seca, são formadas ligações entre a resina e o pigmento, que os torna insolúveis à água.

Na **tinta fosca**, o pigmento é distribuído aleatoriamente sobre a superfície pintada, causando uma reflexão difusa da luz que incide sobre a superfície; na **tinta brilhante**, as partículas de pigmento são distribuídas uniformemente, e se obtém reflexão especular.

## Atividades

1. Identifique, em sua residência, os diversos tipos de lâmpadas usados; verifique a cor da luz emitida e compare o aquecimento de cada lâmpada depois de estar acesa durante certo tempo.
2. Construa uma "casa" usando uma caixa de sapatos; ela deve ter pelo menos uma porta e uma janela. Forre as paredes internas da "casa" com papel preto e observe pela janela o efeito sobre a iluminação interna. Faça o mesmo usando papel branco (a iluminação pode vir do exterior da caixa ou de uma pequena lanterna colocada em seu interior).
3. Qual o volume de tinta necessário para cobrir certa área de parede? Qual a espessura da camada úmida? Qual a espessura do filme de tinta, depois de seco?

   **Observações:**
   – O rendimento da tinta fornecido pelo fabricante é: $5m^2/l$, ou seja, 1 litro de tinta pode recobrir uma superfície de 5 $m^2$.
   – Na composição típica da tinta, 50% do volume da tinta é de solvente e, portanto, após a evaporação, o volume se reduz à metade do volume inicial; como a área permanece a mesma, a espessura da camada pintada se reduz à metade.

   **Solução:**
   Suponhamos um volume de tinta: $V = 1\,dm^3 = 10^{-3}\,m^3$.
   Após ser espalhado sobre a superfície, esse volume forma um filme de área $A = 5m^2$.
   A espessura do filme é, portanto: $e = \dfrac{V}{A} = \dfrac{10^{-3}}{5} = 2 \cdot 10^{-4}\,m = 0{,}2\,mm$ (tinta úmida).
   Após evaporação do solvente, a espessura se reduz a: $e' = \dfrac{0{,}2}{2} = 0{,}1\,mm$.

   Recolha um pedaço da tinta em uma parede que esteja descascando e verifique se esta estimativa é razoável. Para isso, compare a espessura da tinta com objetos cuja espessura seja da mesma ordem de grandeza – décimos de milímetro (folha de papel, grafite de lapiseira).
4. Analise o texto de Adélia Prado no início do livro e interprete a mensagem da autora em termos de fenômenos da Física. Este poema inspirou a canção "Casa caiada", do Grupo Acordais.

CAPÍTULO V
# ABASTECIMENTO DE ÁGUA

A água é um bem essencial à vida humana. A disponibilidade de água em nossas residências é uma comodidade que facilita as atividades de preparo dos alimentos, higiene pessoal e limpeza em geral, porém, para isso, deve ser previamente tratada. Nos últimos anos tem crescido a preocupação sobre a escassez de água a ser distribuída à população, principalmente em locais onde alterações climáticas não previstas fizeram com que as reservas naturais fossem diminuídas.

Embora a superfície da Terra seja em grande parte recoberta por água, apenas 2,5% dela se apresenta como água doce (água com pouca ou nenhuma concentração de sais minerais). Desta, grande parte está em forma de gelo ou nuvens, e apenas 2%, localizada em rios e lagos, são próprios para consumo. Portanto, apenas 0,05% do total de água existente na superfície da Terra são próprios para consumo humano (FIG. V-1).

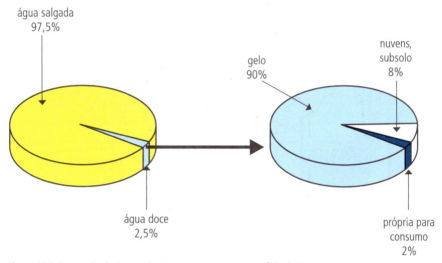

**Figura V-1:** Proporção de água própria para consumo na superfície da Terra

A atividade humana que mais consome água é a agropecuária (70%), seguida pelas atividades industriais, que incluem a construção civil (20%), e pelo uso residencial (10%).

Com o aumento da população e a melhoria das condições de vida em todos os continentes, prevê-se que, em torno de 2040, o consumo mundial de água será igual ao total disponível no planeta. Assim, é preciso desde já que se planeje o uso eficiente da água, modernizando as técnicas industriais e agrícolas, para se obterem resultados eficientes usando uma quantidade menor de água. Individualmente, cada cidadão pode ter o cuidado de evitar desperdícios, além de consumir conscientemente produtos que gastam menos água em sua fabricação.

## Distribuição de água tratada

A água que chega até nós pelo encanamento, retirada de rios e lagos, passa por filtração para retirar resíduos sólidos e tratamento, por exemplo, com produtos clorados, que evitam o desenvolvimento de micro-organismos. Eventualmente, passa por fluoretação, para fornecer à população o flúor necessário à saúde bucal.

O reservatório de água é colocado no ponto mais alto da cidade, para que a água seja distribuída por gravidade para todas as casas. Da mesma forma, para que a água seja distribuída por gravidade pelas torneiras da casa, ela deve ser armazenada em caixas d'água acima dessas torneiras, em geral sobre o telhado ou no sótão da casa.

Nesses casos está sendo usado o princípio dos vasos comunicantes, que diz que a altura dos líquidos tende a se igualar nos dois lados de um sistema aberto. Como as residências estão em local mais baixo que o reservatório, usa-se uma boia para impedir que a água continue escoando depois que a caixa-d'água está cheia (FIG. V-2). Na distribuição entre a caixa-d'água e as torneiras, estas são fechadas quando se quer interromper o fluxo.

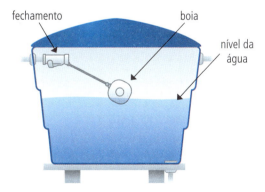

**Figura V-2:** Esquema de uma boia de caixa-d'água. Ela é oca por dentro e, como sua densidade é menor que a da água, a boia flutua. Quando a água chega ao nível desejado, um dispositivo colocado na ponta da haste presa à boia bloqueia a entrada de água

Em países de clima frio, o reservatório de água das casas não pode ficar no telhado, pois quando a temperatura ambiente estiver abaixo de 0 °C a água armazenada irá congelar. Nesses países, o reservatório se situa no subsolo e sobe até as torneiras por bombeamento mecânico. O mesmo tipo de bombeamento é usado por residências que usam água de poços ou caixas-d'água subterrâneos.

Outro cuidado que precisa ser tomado em países de clima frio é o de manter o encanamento das casas sempre a uma temperatura acima de 0 °C. Abaixo dessa temperatura, a água congela e aumenta de volume, podendo danificar o encanamento. Então, se a casa está temporária ou definitivamente desabitada, é preciso tomar o cuidado de manter um aquecimento interno mínimo ou retirar a água contida nos canos, para evitar danos.

### Quanto pesa uma caixa-d'água cheia?

Estamos acostumados a lidar com a água em pequenas quantidades (copo, garrafa) e por isso não pensamos que a água armazenada em grandes quantidades pode ter peso bastante grande.

Por exemplo, qual seria o peso da água contida em um reservatório doméstico de 1.000l cheio? A questão pode ser resolvida se conhecemos a densidade da água e o volume do reservatório:

$$d_{água} \approx 1\frac{g}{cm^3} = \frac{M_{água}}{V_{água}}$$

$$V_{água} = 1.000\ell = 1 \cdot 10^3 dm^3 = 1 \cdot 10^6 cm^3$$

$$M_{água} = d \cdot V = 1\frac{g}{cm^3} \cdot 1 \cdot 10^6 cm^3 = 10^6 g = 10^3 kg$$

$$P_{água} = M_{água} \cdot g \approx 10^4 N$$

Assim, vemos que o local onde será instalada esta caixa-d'água deve ser projetado de forma a suportar 1 tonelada.

## Como obter água quente

A água aquecida para uso doméstico é um conforto disponível em grande parte das residências no nosso país e uma necessidade nas regiões mais frias.

Para se obter água quente, pode-se aquecê-la imediatamente, no momento da utilização, ou armazená-la para uso posterior (aquecimento central). No segundo caso, o reservatório de água fria deve ficar num local alto, de onde a água desce para o elemento aquecedor, subindo por convecção para o reservatório quente; este deve ser colocado em local mais baixo que o frio (FIG. V-3). A água aquecida é armazenada em caixas especiais, recobertas de material isolante. Como é impossível se ter isolamento térmico perfeito, o sistema de aquecimento central consome mais energia que o sistema onde a água é aquecida no momento da utilização.

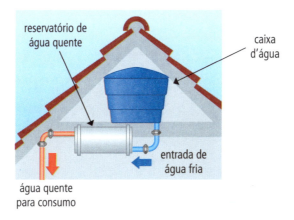

**Figura V-3:** Posicionamento dos reservatórios num sistema de aquecimento central

A forma mais usual de aquecer água nas grandes cidades é usando-se eletricidade, através do efeito Joule. Os **chuveiros elétricos**, comuns na maioria das residências brasileiras, mostram uma aplicação simples e eficiente desse efeito (FIG. V-4): ao se abrir a torneira, a água enche o volume do recipiente do chuveiro e faz flutuar uma placa de material menos denso que a água. Nessa placa estão situados contatos metálicos, que fecham o circuito elétrico de aquecimento na parte superior do chuveiro e fazem passar corrente através de uma resistência, imersa na água. A resistência se aquece, aumentando a temperatura da água, que sai por pequenos furos localizados na parte inferior do recipiente. O mesmo princípio é usado em "torneiras elétricas".

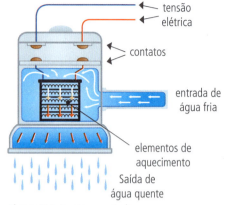

**Figura V-4:** Funcionamento de um chuveiro elétrico

### *Como se obtêm temperaturas diferentes da água nas posições "inverno" e "verão" do chuveiro elétrico?*

Temos 4 grandezas elétricas a considerar no circuito aquecedor do chuveiro:

* sua resistência **R**;
* a corrente **i** que passa pelo circuito;
* a diferença de potencial **V**, fornecida pela rede elétrica da casa;
* e a potência **P** desenvolvida pela passagem da corrente:

$$P = V \cdot i$$

A resistência aquecedora do chuveiro pode ser ligada ao circuito elétrico de forma que toda ela esteja incluída no circuito, ou apenas uma porção dela estará no circuito (FIG. V-5). Quando toda a resistência faz parte do circuito, a corrente que passa por ele é mais baixa (**R** maior, **i** menor, pois **V** é sempre a mesma). Nesse caso, a potência **P** desenvolvida por efeito Joule será menor. Essa é a posição "verão" do chuveiro.

Quando apenas parte da resistência está no circuito, a corrente será mais alta (**R** menor, **i** maior) e **P** será maior. Essa é a posição "inverno" do chuveiro.

**Figura V-5:** Resistência aquecedora do chuveiro elétrico: a ligação feita entre A e C corresponde à posição "verão"; a ligação entre A e B corresponde a "inverno"

Em regiões com facilidade de distribuição de **gás natural** (também chamado "gás de cozinha"), o aquecimento da água é feito através da oxidação desse gás (combustão); isso pode ser feito diretamente nos chuveiros, em um sistema semelhante ao dos chuveiros elétricos (FIG. V-6): a água passa por uma serpentina (encanamento em forma de zigue-zague), dentro da câmara de combustão, onde existe uma saída para o gás. Quando a água entra pelo aquecedor, ela movimenta uma peça, fazendo com que o gás seja liberado; simultaneamente, uma unidade eletrônica recebe um comando para produzir uma faísca, acendendo o fogo. Durante todo o tempo em que houver circulação de água, a válvula do gás se mantém aberta, para que o fogo continue aceso.

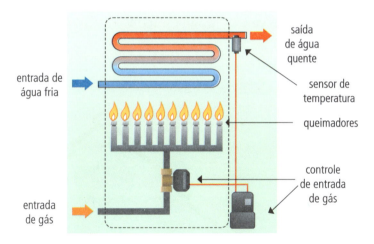

**Figura V-6:** Aquecimento de água usando gás

Os sistemas de aquecimento a gás devem ser instalados em locais arejados ou possuir meios de exaustão, pois a combustão do gás metano produz gases venenosos.

O aquecimento de água por efeito Joule ou por combustão de gás pode também ser usado em sistemas de aquecimento central.

Outros processos são também usados para aquecimento e armazenamento de água. Por exemplo, em regiões rurais, aproveita-se o calor dos **fogões de lenha**: uma serpentina de metal passa junto ao fogão e sobe até um reservatório isolado, armazenando a água aquecida. Próximo ao fogo, a água se aquece, diminui sua densidade e sobe, enquanto a água mais fria do reservatório (mais densa) desce e é aquecida pelo fogão.

Nos sistemas de **aquecimento solar**, a água circula por uma serpentina pintada de preto, dentro de uma caixa com paredes pretas e tampo de vidro. A caixa é colocada em um local com bastante insolação. A radiação infravermelha atravessa o vidro e aquece rapidamente os canos, que transferem o calor para a água em seu interior. As paredes pretas da caixa também absorvem a radiação infravermelha e se aquecem, transferindo o calor para o ar preso na caixa e dele para os canos e a água (FIG. V-7).

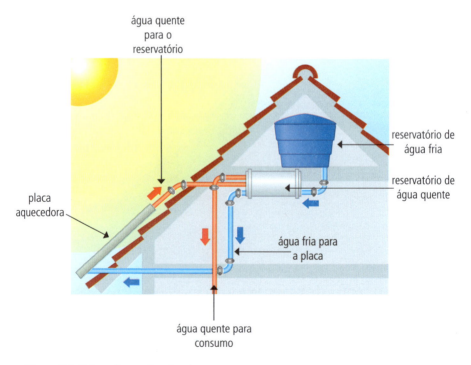

**Figura V-7:** Sistema de aquecimento solar

## Medida do consumo de água

O princípio básico de funcionamento de um hidrômetro, que mede o consumo doméstico de água, é mostrado na Figura V-8, onde a passagem da água através do aparelho faz girar um rotor. O volume de água consumido é proporcional ao diâmetro do encanamento e ao número de giros do rotor.

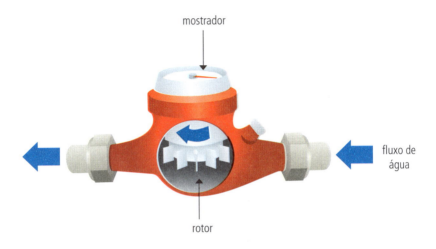

**Figura V-8:** Hidrômetro doméstico: ao passar pelo encanamento, a água faz girar o rotor e o consumo é registrado no mostrador

### Ar no encanamento

Quando há racionamento de água e o fornecimento é suspenso durante parte do dia, pode ocorrer acúmulo de ar nos encanamentos. No momento em que o fornecimento é restabelecido, a água pressiona o ar contido nos canos e o rotor gira com a passagem do ar comprimido. Assim, é registrado um consumo que não ocorreu. As companhias de distribuição de água têm verificado a ocorrência desse problema e instalado válvulas para o escape do ar antes da chegada da água.

## Atividades

1. Encha com água bem quente um recipiente pequeno que possa ser tampado hermeticamente (pote de pirex, mamadeira). Certifique-se que o recipiente escolhido pode suportar a temperatura da água. Coloque o recipiente no fundo de um balde com água fria. Para que ele fique no fundo do balde, você pode colocar pequenos pesos ou pedras dentro dele, junto com a água quente. Depois de 5 minutos, verifique com as mãos a temperatura da água do balde. Há uma diferença na temperatura da água localizada na parte mais alta e na mais baixa do balde? Por quê? Relacione o que observou com a Figura V-2.

2. Encha completamente com água gelada uma garrafa PET de 500 ml e coloque-a no congelador. No dia seguinte, retire a garrafa e tente explicar o que aconteceu quando a água congelou. Relacione suas observações com o que pode acontecer com os encanamentos de água em países frios.

# CAPÍTULO VI
## CASAS DE POVOS DIVERSOS

Em qualquer parte do globo, as pessoas constroem casas para se abrigar do clima, proteger-se de perigos (animais, povos inimigos) e ter privacidade. Do calor da Amazônia ao frio dos polos, as pessoas aprenderam a se proteger do clima característico do local, usando os materiais disponíveis.

## Casas indígenas da Amazônia

A Região Amazônica tem clima quente e úmido; assim, as casas indígenas são feitas para evitar, principalmente, os incômodos do calor e da umidade. Em geral, são casas grandes e altas, cobertas de folhas de palmeira, que são bons isolantes térmicos (FIG. VI-1-A). As folhas são colocadas de maneira a servir de pingadeiras, por onde escorre a água das constantes chuvas; a cobertura fica afastada do interior da casa, e a água é depositada em um "fosso" raso, cavado ao redor da edificação.

O telhado de folhas repousa sobre varas enterradas no chão, que são encurvadas e amarradas no alto com cipós (FIG. VI-1-B). A elasticidade das varas faz com que elas tendam a voltar para sua forma original, exercendo uma força que contraria o peso que o telhado exerce sobre as varas. O princípio físico é o mesmo usado atualmente nas vigas protendidas, discutidas no Capítulo I – Componentes da casa.

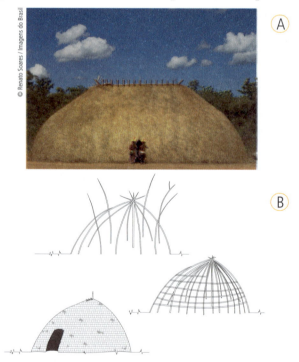

**Figura VI-1:** (A) Exemplo de casa indígena da Amazônia (Terra Indígena Xingu, MT); (B) sua técnica de construção

Capítulo VI    Casas de povos diversos    71

A ventilação é feita através de duas portas, uma em frente à outra, e de uma abertura no ponto mais alto da casa: o ar mais fresco entra pelas portas, empurrando o ar quente, que sai pela abertura superior. Essa abertura serve também de chaminé, para a saída da fumaça, provocada por pequenas fogueiras, usadas para cozer os alimentos. Aqui temos o mesmo princípio físico usado em lareiras, discutido no Capítulo II – Conforto térmico e acústico.

Quando chove, a abertura no teto é tampada com folhas de palmeira. A grande altura da casa faz com que o ar quente esteja situado numa região bem acima da cabeça das pessoas.

Todo o material empregado na construção das casas está disponível em abundância na região: varas flexíveis, cipós, folhas de palmeira.

## Casas de pau a pique

As casas de pau a pique ainda são comuns no interior do Brasil: suas paredes são construídas preenchendo-se com barro uma rede de varas: as varas dão sustentação à estrutura, enquanto o barro serve como vedação e isolante térmico. Em geral, elas são cobertas com palha ou com telhas de cerâmica (FIG. VI-2). O concreto armado, discutido no Capítulo I – Componentes da casa, segue o mesmo princípio do pau a pique, porém usando materiais mais resistentes.

O problema nesse tipo de construção é que existem frestas nas paredes de barro, onde podem se alojar insetos. Em particular, as frestas servem de esconderijo para os barbeiros que transmitem a doença de Chagas, que ainda hoje é endêmica no Brasil Central. Atualmente, as paredes de pau a pique têm sido substituídas por outras, de alvenaria.

**Figura VI-2:** Casa de pau a pique

## Casas brasileiras

As casas construídas no Brasil durante os períodos colonial e imperial se caracterizam por ter paredes grossas e janelas pequenas. A espessura das paredes era necessária para suportar o peso da edificação, já que o material utilizado, em geral uma mistura de barro e palha (adobe), tem pouca resistência à compressão. Pelo mesmo motivo, os vãos não podiam ser muito grandes, para não comprometer a função estrutural das paredes.

Os telhados de telhas cerâmicas têm um beiral (parte que ultrapassa as paredes externas), para que as paredes não sejam danificadas pela água da chuva. Incidentalmente, as paredes grossas, vãos pequenos e presença de beirais proporcionam conforto térmico a essas casas, principalmente nas regiões de clima quente: as paredes grossas são isolantes e têm grande inércia térmica (a temperatura interna não se iguala à externa); os pequenos vãos dificultam que a temperatura externa afete o interior; e os beirais impedem a incidência direta do sol sobre as paredes.

Em geral as casas construídas nessa época tinham as paredes pintadas de branco, por ser essa a cor mais disponível entre os materiais usados como acabamento das paredes (cal, barro branco, etc.). As paredes brancas, como explicado no Capítulo II – Conforto térmico e acústico, ajudam a refrescar o interior da casa.

A Figura VI-3 mostra um exemplo de casa brasileira do período colonial.

**Figura VI-3:** Casa do século XIX, em Ouro Preto (Museu Casa dos Inconfidentes)

## Casas escavadas em rochas

Em alguns locais como a China, a Turquia e o Oriente Médio, existem casas e até mesmo palácios escavados em montanhas rochosas (FIG. VI-4). Como essas casas têm apenas uma abertura frontal, elas servem de proteção contra o calor ou o frio exterior. Para auxiliar a iluminação, as paredes internas são, em geral, pintadas de branco, com cal (veja o Capítulo IV – Iluminação). Tapetes estendidos no chão e nas paredes ajudam a manter o conforto térmico e acústico do interior, como foi explicado no Capítulo II – Conforto térmico e acústico.

**Figura VI-4:** Casas escavadas na montanha (A) na Capadócia e (B) na China; (C) interior de uma casa nas montanhas da Tunísia

## Casas de esquimós

Os esquimós que vivem no Ártico precisam se proteger do vento e do frio intenso e não têm muito material disponível para construir suas casas. A solução encontrada por eles foi construir iglus usando tijolos feitos de blocos de neve endurecida, empilhados em espiral e calafetados com neve solta. A neve solta é formada de pequenos flocos, muito porosos, então sua área de contato com o ar ambiente é muito grande. Por isso ela se derrete facilmente com o calor interno do iglu e recongela, devido à temperatura dos blocos, transformando-se em gelo e mantendo unidos os blocos. Estes não se derretem com a mesma facilidade, por serem compactos e possuírem pouca área de contato com o ambiente, comparada ao seu volume. Apesar de estarem a baixa temperatura, os blocos de neve compactada têm bolhas de ar em seu interior e por isso são bons isolantes térmicos (FIG. VI-5A).

Os iglus têm a forma de semiesfera, para evitar o acúmulo de neve sobre eles. A estrutura em arco permite a construção com blocos de gelo, de baixa resistência à tração, como foi mostrado no Capítulo I – Componentes da casa. A entrada é feita por um túnel que termina dentro do iglu, para evitar a entrada de vento. A passagem exterior do túnel tem um telhado, para que a neve ao cair não cubra a entrada (FIG. VI-5B).

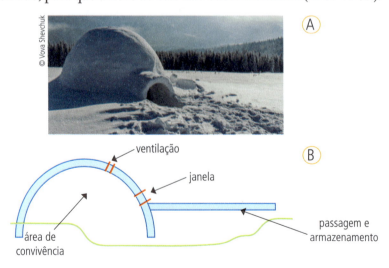

**Figura VI-5:** (A) Um iglu, casa dos povos que vivem na região ártica; (B) esquema lateral de um iglu

O calor no interior do iglu é obtido através de uma pequena fogueira, ou simplesmente pelo calor irradiado pelas pessoas. Quando se tem uma temperatura exterior de até -45 °C, é possível se obter no interior, apenas com o calor das pessoas, temperaturas entre -7 °C e +16 °C. As camas e cadeiras são blocos de gelo recobertos com peles de animais. Por estarem numa posição mais alta que o chão, o ar estará mais aquecido que no nível do solo. A maior altura do iglu (no centro da semiesfera) não é muito maior que a altura de seus habitantes; assim se aproveita melhor o ar aquecido, que tende a se acumular nas partes mais altas.

O iglu tem pequenas aberturas de ventilação, para renovar o ar do ambiente interno. Essas aberturas não podem ser muito grandes, para preservar o calor interno.

## Casas da Islândia

Na Islândia, onde faz bastante frio em quase todo o ano, as casas tradicionais têm o telhado coberto com plantas rasteiras (FIG. VI-6). A terra e as plantas ali colocadas formam um ótimo isolamento térmico. A ideia é adotada atualmente na construção dos telhados verdes, citados no Capítulo II – Conforto térmico e acústico.

**Figura VI-6**: Casas tradicionais da Islândia, com plantas sobre o telhado

## Casas alpinas

A região dos Alpes, na Europa, tem grande precipitação de neve, e o acúmulo desta sobre os telhados pode provocar sobrepeso e danificar a cobertura das casas. Por isso, os telhados são construídos com grande inclinação e com telhas lisas, para que a neve possa vencer o atrito com o material e deslizar para o chão, sob a força da gravidade (FIG. VI-7). As telhas, em geral, são feitas com ardósia, pedra escura que absorve a radiação solar e se aquece, derretendo a neve. Algumas casas construídas recentemente têm dispositivos elétricos para aquecer os telhados e derreter a neve acumulada.

As telhas de ardósia são mais pesadas que as de cerâmica e, portanto, a estrutura da casa deve ser mais reforçada.

**Figura VI-7:** Nos Alpes, as casas possuem telhados com grande inclinação e telhas lisas, para evitar o acúmulo de neve sobre eles

## Edifícios de apartamentos

A concentração de pessoas nas cidades faz com que as residências individuais sejam substituídas por prédios de apartamentos (FIG. VI-8). Em termos de planejamento urbano, esse tipo de moradia tem algumas vantagens: as construções estarão mais concentradas, barateando o custo a ser pago por cada morador pelo terreno e deixando mais terreno livre para parques e jardins.

Os serviços públicos de distribuição de água e eletricidade, coleta de esgoto e resíduos e transporte público ficarão disponíveis para mais pessoas em determinado local. Além disso, residências, locais de trabalho e serviços (hospitais, escolas) estarão mais próximos, evitando grandes deslocamentos das pessoas e favorecendo a mobilidade urbana.

As desvantagens dos prédios de apartamentos surgem principalmente pela perda de privacidade das famílias: cada apartamento deve ter bom isolamento acústico, com boas escolhas de materiais.

**Figura VI-8:** Vista panorâmica de Nova Iorque (EUA), onde só é possível abrigar os habitantes em prédios de apartamentos

### Prédios em Manhattan

Os prédios de apartamentos têm peso maior que as casas monofamiliares. Precisam, portanto, de fundações mais sólidas, feitas sobre terrenos rígidos. Como exemplo, podemos citar a ilha de Manhattan (Nova Iorque, EUA): sendo uma ilha rochosa, o terreno rígido permitiu que toda a ilha fosse coberta por edifícios de apartamentos, onde vivem e trabalham atualmente 4 milhões de pessoas, numa área de 60 km$^2$. Para comparação, se a ilha fosse ocupada por casas para 4 pessoas, em terrenos de 200 m$^2$, a população seria de pouco mais de 100.000 habitantes.

## Casas japonesas

No Japão, são comuns os terremotos de grande magnitude. Por essa razão, as casas tradicionais japonesas são construídas com estruturas leves e flexíveis. As paredes externas têm estrutura em bambu, material que possui grande flexibilidade, e as internas são feitas de papel de arroz, material leve e translúcido, que permite uma boa iluminação interna (FIG. VI-9). No caso de um tremor menos intenso, a estrutura oscila e volta à posição original; se o tremor for muito intenso, a casa poderá ruir, mas, sendo leve, não provocará ferimentos graves em seus habitantes. A desvantagem dessas casas é não proporcionar privacidade aos moradores. Elas também estão sujeitas a incêndios, principalmente na ocorrência de grandes terremotos, por serem construídas com material altamente inflamável.

**Figura VI-9:** Casa tradicional japonesa

CAPÍTULO VII
# INOVAÇÕES

Um dos objetivos da arquitetura é aproveitar as condições climáticas locais e materiais de fácil acesso para construir casas que, ao mesmo tempo, proporcionam conforto a seus ocupantes e consomem o mínimo possível de energia.

Neste capítulo, daremos alguns exemplos de projetos inovadores: usando conceitos simples da Física, eles aliam conforto, praticidade e economia. Por terem sido projetados para climas quentes, a ênfase foi dada para a climatização adequada do ambiente.

## João Filgueiras Lima (Lelé)

O arquiteto Lelé trabalhou na construção de Brasília e em diversos outros projetos governamentais e particulares, procurando sempre aliar o conforto à economia de materiais e de energia. Em particular, destacamos detalhes de algumas residências, mostrados na Figura II-1. Nesses projetos, construídos em regiões quentes, houve a preocupação de proteger o interior da incidência direta da radiação solar.

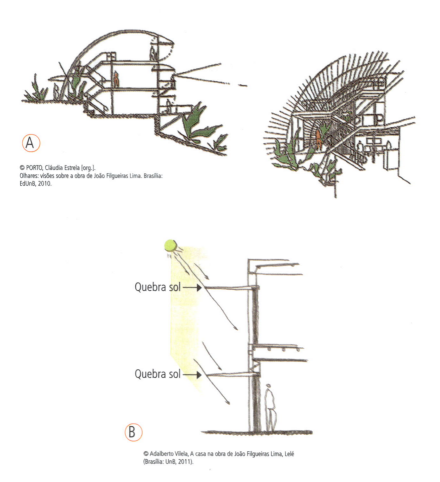

**Figura VII-1:** Projetos de Lelé: (A) residência JS (Porto Seguro, BA); (B) residência CB (Brasília, DF)

Na Figura VII-1A, temos o projeto para a residência JS, em Porto Seguro (BA). A luz do Sol é filtrada por uma cobertura curva e não incide diretamente sobre a construção, sendo usada para manter um jardim. A vegetação absorve a radiação infravermelha para a fotossíntese, além de aumentar a umidade do ar, e assim refresca o ambiente.

A Figura VII-1B (residência CB, Brasília, DF) mostra o uso de quebra-sóis horizontais para cortar a incidência da radiação solar nos horários mais quentes, quando o Sol se encontra mais alto no céu.

## Cuno Roberto Mauricio Lussy

Cuno Lussy, arquiteto e professor da Escola de Arquitetura da UFMG, projetou residências e equipamentos rurais, em regiões bastante quentes. Chamamos a atenção para o sistema de condicionamento de ar mostrado na Figura VII-2, semelhante ao sistema de ventilação das casas indígenas, descrito no Capítulo VI – Casas de povos diversos: a edificação tem uma chaminé central, ligada a um corredor que passa sob a casa. O ar aquecido é expulso pela chaminé por convecção, provocando a circulação de ar fresco no circuito corredor/chaminé. Esse ar não tem ligação com o ar dos cômodos, que são resfriados por condução entre as paredes do circuito e as paredes e pisos da casa. O corredor subterrâneo é forrado com areia, para reter a água da chuva que entra pela chaminé e que mais tarde se evapora, resfriando o sistema.

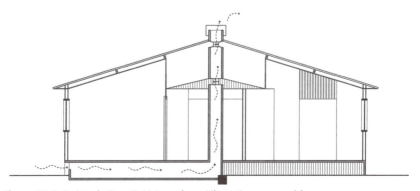

**Figura VII-2:** Projeto de Cuno R. M. Lussy (croqui ilustrativo, sem escala)

## Radamés Teixeira da Silva

Radamés Teixeira é arquiteto, urbanista e professor da Escola de Arquitetura da UFMG. Seus projetos arquitetônicos mostram sua preocupação em aliar conforto com sustentabilidade. Um exemplo é mostrado na Figura VII-3, onde se pode ver a utilização de paredes duplas para conseguir conforto térmico dentro de uma casa, seja no verão, quando se deseja que o interior esteja mais fresco que o ambiente externo, seja no inverno, quando se deseja o inverso.

A casa possui, do lado ensolarado, paredes duplas separadas por um colchão de ar. A parede externa é feita de quebra-sóis de material refletor, que podem ser abertos ou fechados, e a parede interna é cega.

No inverno (FIG. VII-3A), os quebra-sóis são abertos durante o dia, para que o Sol possa incidir diretamente sobre a parede interna, que absorve a radiação infravermelha e se aquece. Por reemissão do infravermelho pela parede, e por condução entre a parede e o ar interior, o ambiente interior será também aquecido. À noite, os quebra-sóis são fechados; a parede dupla funciona como isolante térmico e impede que o ar externo esfrie a casa. A parede interna continua emitindo calor, sendo parte para o interior e parte sobre a parede externa, que reflete a radiação novamente sobre a parede interior.

No verão (FIG. VII-3B), os quebra-sóis são fechados durante o dia. A radiação solar é refletida por eles e não incide sobre a parede interna. Ao mesmo tempo, duas aberturas, na porção mais alta e na mais baixa da parede externa, permitem a circulação de ar entre as duas paredes: o ar frio entra pela abertura inferior, troca calor com as paredes e depois de aquecido sobe, sendo expulso pela abertura superior; isso diminui a temperatura da parede interna. À noite, os quebra-sóis são abertos, para permitir que a parede interna irradie calor para o ambiente. Há também circulação de ar entre os quebra-sóis e a parede interna, ajudando a resfriá-la.

Capítulo VII **Inovações** 83

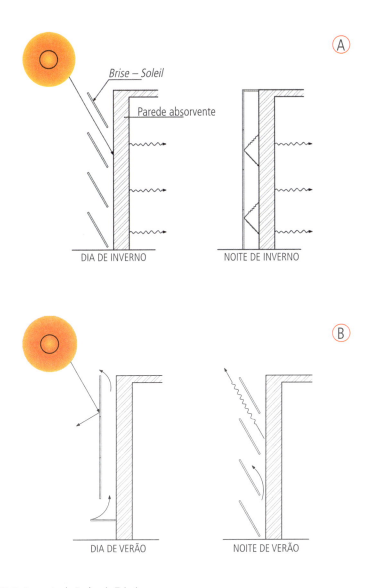

**Figura VII-3:** Proposta de Radamés Teixeira

## Abigail Pinto de Carvalho

Os projetos de Abigail Carvalho procuram sempre aliar economia de recursos, conforto e sustentabilidade. Em particular, destacamos detalhes do projeto da residência RLJ, construída em Belo Horizonte. Como a cidade não apresenta grande variação térmica, é possível obter conforto térmico utilizando-se de diversos recursos arquitetônicos, descritos no Capítulo II – Conforto térmico e acústico, sendo quase sempre desnecessário o uso de climatização artificial.

O telhado inclinado é feito com telhas cerâmicas. O colchão de ar entre o telhado e o forro proporciona isolamento térmico, tanto nas horas quentes do dia quanto nas noites frias. Grandes árvores no entorno da casa, assim como os beirais do telhado, impedem a incidência direta da radiação solar, que também é refletida pelas paredes externas, de cor branca (FIG. VII-4A).

Os cômodos possuem três vãos (duas janelas e uma porta, ou uma janela e duas portas), obtendo-se assim a ventilação cruzada: seja qual for a direção de circulação do vento externo, sempre haverá uma componente que pode circular pelo interior da residência (FIG. VII-4B). Janelas e portas externas têm fechamento duplo – venezianas e vidros –, sendo possível regular a entrada de ar e luz, ou vedá-la totalmente, segundo o horário do dia e a temperatura externa.

Os muros externos, de cor branca, proporcionam iluminação indireta durante o dia, por reflexão dos raios solares.

**Figura VII-4:** Projeto de A. Carvalho para a residência RLJ: (A) foto frontal; (B) planta baixa mostrando a circulação de ar

## Sérgio Bernardes

Sérgio Bernardes, arquiteto carioca, destacou-se por seus projetos arrojados, principalmente para residências. Na Figura VII-5A mostramos um croqui do Edifício Gravatá, em Ipanema (Rio de Janeiro, RJ). Entre outras inovações, o edifício ficou famoso por causa de um ilustre morador, o jornalista e escritor Rubem Braga. O apartamento de cobertura, pertencente ao escritor, recebeu um jardim, mais tarde modificado pelo paisagista Burle Marx, a pedido do proprietário. Rubem Braga chamava a si mesmo de "fazendeiro do ar", e nessa cobertura plantou palmeiras, pitangueiras e outras árvores frutíferas. Várias de suas crônicas foram inspiradas na vegetação e nas aves que frequentavam seu jardim.

Este projeto é um exemplo de telhado verde, citado no Capítulo II – Conforto térmico e acústico. Para sua construção, foram necessários cuidados especiais com a impermeabilização da cobertura: duas lajes impermeabilizadas, mais uma terceira camada impermeável, bandejas de alumínio para conter o crescimento das raízes das árvores e 40 cm de terra.

O jardim é preservado pelos atuais moradores do apartamento.

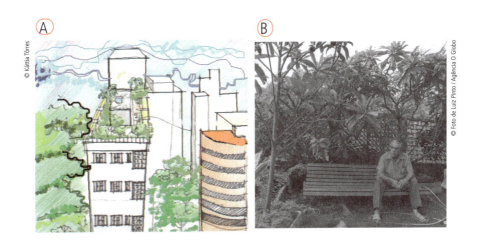

**Figura VII-5:** Projeto de Sérgio Bernardes para a cobertura do apartamento de Rubem Braga no Rio de Janeiro (RJ): (A) croqui do projeto; (B) Rubem Braga em sua "fazenda do ar" (1972)

# SUGESTÕES PARA LEITURA

Os conceitos de Física e de Arquitetura discutidos neste livro podem ser encontrados em livros básicos como:

COSTA, L. *Registro de uma vivência*. Brasília: Ed. da UNB, 1995.

HALLIDAY, D.; RESNICK, R.; KRANE, K. S. *Física*. 4. ed. Rio de Janeiro: LTC, 1996.

HEWITT, P. G. *Física conceitual*. 11. ed. Porto Alegre: Bookman, 2011.

LATORRACA, G. (Org.). *Arquitetos brasileiros: João Filgueiras Lima – Lelé*. São Paulo: Blau; Instituto Lina Bo e P. M. Bardi, 1999.

LOPES DA SILVA, A. Xavante: casa-aldeia-chão-terra-vida. In: NOVAES, S. C. (Org). *Habitações indígenas*. São Paulo: Nobel; EDUSP, 1983.

MÁXIMO, A.; ALVARENGA, B. *Física*. 2. ed. São Paulo: Scipione, 2007.

TEDESCHI, E. *Teoría de la Arquitectura*. Buenos Aires: Nueva Visión, 1973.

TEIXEIRA DA SILVA, R. (Coord.). *Arquitetura e energia – Uma tecnologia de projetos*. Belo Horizonte: UFMG, 1981.

Algumas páginas da *internet* oferecem informação sobre a estrutura e os detalhes de uma casa e sua relação com a Física (acesso em dez. 2016):

http://www.ebanataw.com.br/roberto/fundacoes/index.php
http://www.edisontechcenter.org
http://www.inmetro.gov.br/consumidor/tabelas.asp
http://www.epa.gov/heatisland/resources/compendium.htm
http://home.howstuffworks.com/

Este livro foi composto com tipografia Minion Pro e impresso
em papel Off Set 90 g/m² na gráfica Paulinelli.